Analia Irma Romero

Membranas poliméricas de matriz mixta para permeación de gases

Analia Irma Romero

Membranas poliméricas de matriz mixta para permeación de gases

Membranas híbridas de polieterimida-sílice

PUBLICIA

Impressum / Aviso legal
Bibliografische Information der Deutschen Nationalbibliothek: Die Deutsche Nationalbibliothek verzeichnet diese Publikation in der Deutschen Nationalbibliografie; detaillierte bibliografische Daten sind im Internet über http://dnb.d-nb.de abrufbar.

Información bibliográfica de la Deutsche Nationalbibliothek: La Deutsche Nationalbibliothek clasifica esta publicación en la Deutsche Nationalbibliografie; los datos bibliográficos detallados están disponibles en internet en http://dnb.d-nb.de.

Coverbild / Imagen de portada: www.ingimage.com

Verlag / Editorial:
PUBLICIA
ist ein Imprint der / es una marca de
OmniScriptum GmbH & Co. KG
Heinrich-Böcking-Str. 6-8, 66121 Saarbrücken, Deutschland / Alemania
Email / Correo Electrónico: info@editorial-publicia.com

Herstellung: siehe letzte Seite /
Publicado en: consulte la última página
ISBN: 978-3-639-64952-9

Zugl. / Aprobado por: Salta, Universidad Nacional de Salta, Tesis Doctoral 2011

"MEMBRANAS POLIMÉRICAS DE MATRIZ MIXTA PARA PERMEACIÓN DE GASES"

Analia Irma Romero

Salta, Argentina – 2011

INDICE

Resumen

Las membranas poliméricas utilizadas para separación de gases ofrecen numerosas ventajas, entre las que se pueden mencionar bajo consumo energético, simplicidad operacional y buena resistencia mecánica. Particularmente los polímeros vítreos presentan excelentes propiedades térmicas y mecánicas como así también adecuadas relaciones de permeabilidad y selectividad en la separación de gases. Sin embargo estos materiales tienen también ciertas limitaciones, ya que muchas de las aplicaciones requieren membranas más resistentes y de mejor performance. Por ello el desarrollo de nuevos materiales para membranas es un área importante de investigación dentro de la cuál merece ser destacado el desarrollo de membranas híbridas o también llamadas de matriz mixta. Estas membranas están formadas por la incorporación de un relleno inorgánico (fase dispersa) en una matriz polimérica (fase continua).

Con el objetivo de contribuir al desarrollo de nuevos sistemas polímero-relleno inorgánico, se plantea en esta tesis el estudio de membranas híbridas de polieterimida (PEI) y sílice.

La PEI es un polímero vítreo y amorfo con muy buena estabilidad térmica, resistencia química y propiedades mecánicas. Por otra parte la sílice es un material de gran interés en diversas tecnologías debido a su gran estabilidad y fortaleza mecánica como así también por sus propiedades superficiales. La principal función de las sílices no porosas, una vez incorporadas al polímero para conformar una membrana, radica en modificar el empaquetamiento de las cadenas poliméricas, mejorando de este modo las propiedades de separación de membranas poliméricas vítreas como también sus propiedades mecánicas.

En la presente tesis se emplean dos técnicas de síntesis para la preparación de las membranas, que se distinguen en la metodología empleada para realizar la incorporación del relleno. En un caso se utilizan sílices comerciales con diferentes características superficiales, las cuales se incorporan en la matriz polimérica por dispersión de las partículas nanométricas con agitación permanente. En el segundo, se genera la sílice a través de un alcóxido de silicio precursor de la misma, el tetraetoxisilano (TEOS). En este último caso las membranas se sintetizan a través del proceso sol-gel, el cual conduce a la formación de redes de sílice que interactúan con la matriz polimérica. Se modifican diversas variables de síntesis hasta obtener membranas óptimas para su utilización en separación de gases, resultando más promisorias aquellas en las cuales la generación del relleno se realizó in situ en la solución polimérica, empleándose un agente de acoplamiento.

Diversas técnicas de caracterización se emplean para describir y conocer las propiedades de las membranas sintetizadas. Entre ellas puede mencionarse Calorimetría Diferencial de Barrido (DSC) para determinar la temperatura de transición vítrea (Tg) y Análisis Termogravimétrico (TGA) para conocer la temperatura de degradación y el contenido de sílice de las membranas preparadas por la técnica sol-gel. Con Microscopía Electrónica de Barrido (MEB) se obtienen micrografías de la sección transversal y superficie, permitiendo conocer el tipo de morfología presentado por las membranas híbridas y con Análisis de Rayos X por Dispersión de Energías (EDS) se verifica la presencia de sílice en las mismas. Utilizando Espectroscopia de Infrarrojo se identifican los grupos funcionales presentes en los materiales precursores empleados, como también las interacciones existentes entre los mismos en las nuevas membranas sintetizadas. Se ensayan asimismo Propiedades Mecánicas de Tracción y finalmente se realiza el estudio de permeación de gases.

Se realiza un estudio comparativo de los resultados obtenidos de las caracterizaciones entre las membranas híbridas preparadas por dispersión y por sol-gel y la membrana polimérica sin relleno. En lo que respecta a los estudios de permeación de gases se analiza la permeabilidad de gases tales como H_2, N_2, O_2, CO_2 y CH_4, estudiando la selectividad de pares de los mismos, poniendo especial interés en la mezcla CO_2/CH_4.

Capítulo 1: Introducción

1.1 Membranas

Una membrana se puede definir en términos generales como una barrera selectiva entre dos fases. El uso de membranas en procesos de separación se debe a su capacidad para transportar un componente más fácilmente que otro, debido a diferencias en las propiedades físicas y/o químicas entre la membrana y los componentes a separar [1]. La performance o eficiencia de una membrana es determinada por dos parámetros: la selectividad y el flujo a través de la misma.

Aunque hay membranas de diversos tipos, la mayoría de las de uso comercial están formadas por polímeros sintéticos, de los que se espera una alta permeabilidad, así como una elevada selectividad. A su vez estas membranas deben ser de fácil fabricación y poseer un largo período de vida útil, factores esenciales para que una membrana polimérica sea competitiva a nivel industrial.

La morfología de la membrana es de gran importancia, ya que afecta el mecanismo de separación, el cual determina la eficiencia de la membrana. De acuerdo a su estructura, las membranas pueden clasificarse en dos grupos: isotrópicas y anisotrópicas. Dentro del primer grupo se encuentran las membranas microporosas, las cuales poseen una red de poros interconectados. La separación de solutos en este tipo de membranas es función principalmente del tamaño molecular de los mismos y de la distribución de tamaño de poros que presente la membrana. Ejemplos de procesos que utilizan este tipo de membranas son la Ultrafiltración y la Microfiltración [2].

En las membranas densas en cambio, el principio de separación está basado en la solubilidad y difusividad de los distintos componentes de una mezcla en el material que compone la membrana. La mayoría de los procesos de separación de gases, pervaporación y ósmosis inversa utilizan este tipo de membranas.

Las membranas cargadas eléctricamente pueden ser densas o microporosas, siendo generalmente las más utilizadas las que presentan una estructura microporosa. Se caracterizan por poseer iones cargados positivamente o negativamente en las paredes del poro. La separación en este tipo de membranas es realiza principalmente a través de la exclusión de iones de igual carga de los que posee la membrana y en menor medida por el tamaño de los poros. Su aplicación es en electrodiálisis para procesar soluciones electrolíticas.

Las membranas anisotrópicas están formadas por una capa superficial muy delgada, soportada sobre una subestructura porosa de mayor espesor. En las membranas compuestas cada una de las capas son de materiales diferentes. Tanto las propiedades de separación como la velocidad de permeación a través de la membrana están determinadas por la capa superior, siendo la función de la subcapa la de dar soporte mecánico.

Si bien, como fue mencionado, la mayoría de las membranas comerciales son de polímeros orgánicos, en los últimos años surgieron otros materiales como las membranas cerámicas, las cuales son microporosas y se utilizan en ultra y microfiltración. Actualmente se emplean también membranas metálicas densas para separación de gases y las membranas líquidas soportadas para procesos de transporte facilitado [2].

Con relación a la separación de gases, la utilización de membranas es una alternativa muy atractiva. El uso de membranas en estas aplicaciones radica en sus ventajas vinculadas con el bajo costo, la simplicidad operacional y bajo consumo energético [3]. En cuanto al material polimérico que compone la membrana, es muy importante el estado del polímero (vítreo o gomoso), ya que el mismo influencia directamente el desempeño de la membrana debido a su incidencia en la permeabilidad de los gases [1]. Dependiendo del valor de la temperatura de transición vítrea (Tg) del polímero, el mismo se puede encontrar a una determinada temperatura, en estado vítreo o gomoso.

En membranas para separación de gases se utilizan generalmente polímeros con altas Tg y amorfos; ya que los polímeros vítreos ofrecen mejores relaciones de permeabilidad y selectividad para la separación de gases de una mezcla determinada [4]. Sin embargo, estos dos parámetros generalmente varían en forma contrapuesta, es decir que una membrana altamente permeable presenta bajas selectividades. En 1991 Robeson [5] observó que existe un límite superior en la relación entre permeabilidad/selectividad. Analizando y graficando los valores que presentan estos parámetros, para una gran diversidad de membranas, por ejemplo para la separación de la mezcla O_2/N_2, se confirmó la existencia de la relación inversa entre los mismos.

A fin de lograr un mejor desempeño de las membranas, nuevos materiales así como también nuevos procedimientos en la fabricación de las mismas están siendo investigados con miras a sobrepasar el límite superior observado por Robeson.

1.2 Membranas híbridas

1.2.1 Generalidades

Como fue mencionado, las membranas poliméricas son una alternativa muy atractiva para muchas separaciones industriales de gases. Sin embargo estos materiales tienen también ciertas limitaciones, ya que muchas de las aplicaciones requieren membranas más resistentes y de mejor performance. Por ello el desarrollo de nuevos materiales para membranas es un área importante de investigación dentro de la cuál merece ser destacado el desarrollo de membranas de matriz mixta (MMM). Estas membranas están formadas por la incorporación de un relleno inorgánico (fase dispersa) en una matriz polimérica (fase continua) (Fig. 1.1). Cabe mencionar que algunos autores solo reconocen como membranas de matriz mixta a aquellas a las que se les incorpora un relleno inorgánico poroso. En este caso el relleno participaría activamente en el mecanismo de separación.

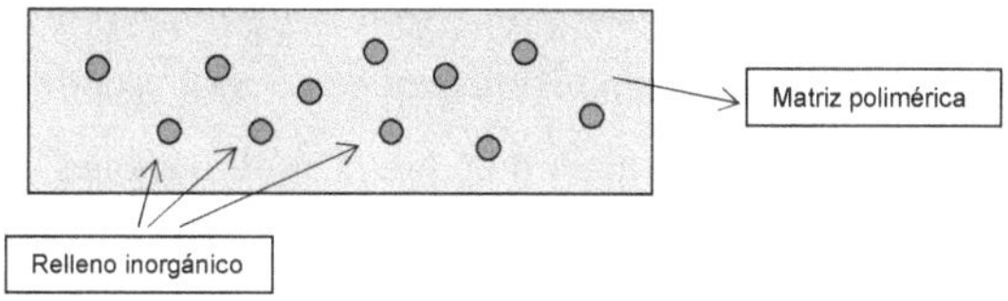

Figura 1.1. Esquema de la membrana de matriz mixta: relleno inorgánico en la matriz polimérica.

Entre los compuestos utilizados como fase dispersa se destacan el uso de diferentes zeolitas y el de tamices moleculares de carbón [6-11]. Estos rellenos inorgánicos porosos ofrecen atractivas propiedades de permeación. Presentan selectividades significativamente mayores que las de los materiales poliméricos puros, ya que poseen una estructura porosa con dimensiones de poros capaces de discriminar entre los distintos gases penetrantes a separar. Con estos compuestos se logra un tamizado molecular, permitiendo que los gases de menor tamaño difundan a mayor velocidad que los de mayor tamaño. Idealmente, incorporando una pequeña fracción de estos rellenos en la matriz polimérica se podría aumentar significativamente la eficiencia de separación de la misma. Sin embargo problemas de adhesión entre los dos materiales en la interfase o una pobre o mala dispersión del relleno dificultan la preparación de estas membranas [7,11-15].

Además de la incorporación de zeolitas y de tamices moleculares de carbón, también se reportaron trabajos con membranas híbridas preparadas utilizando nanopartículas no-porosas [10,16-20]. La función del relleno en este caso es modificar el empaquetamiento de las cadenas poliméricas, mejorando de este modo las propiedades de separación de membranas poliméricas vítreas [21] .

En lo que respecta a la fase polimérica, la mayor parte de los trabajos de membranas de matriz mixta utilizan como fase continua de la matriz polímeros gomosos. Mientras que, pocas contribuciones se han reportado sobre membranas de matriz mixta con polímeros vítreos, como consecuencia de las dificultades encontradas para obtener un buen contacto polímero-tamiz debido a la rigidez de las cadenas poliméricas. Diferentes mecanismos pueden implementarse para mejorar el contacto polímero-tamiz, entre ellos pueden mencionarse la utilización de organosilanos como agentes de acoplamiento, la promoción de la adsorción de moléculas del polímero sobre la superficie del tamiz y los tratamientos con plasma entre otros [7,22]. La implementación de nuevos mecanismos o la búsqueda de modificaciones de los ya existentes que conduzcan a una mejora de la adhesión en la interfase polímero-tamiz constituyen un gran desafío en ésta área de investigación [10].

Materiales híbridos orgánicos-inorgánicos pueden también ser preparados utilizando el proceso sol-gel. En este caso se utilizan alcóxidos metálicos precursores, los cuales pueden reaccionar in situ con un polímero orgánico o hacerlo simultáneamente con los monómeros precursores de los mismos [3,21,23-30]. El material que se obtiene está formado por una red inorgánica unida al polímero orgánico [21,31]. Tanto la morfología como las propiedades físicas de los materiales compuestos dependen de las condiciones de reacción y del grado de compatibilidad entre ambos componentes. Obtener una estructura homogénea es un factor fundamental cuando se pretende utilizar a los materiales híbridos como medios de separación. Para alcanzar este objetivo es muy importante tener un control de la morfología y evitar la separación de fases. Una buena interacción entre los materiales orgánicos e inorgánicos puede lograrse utilizando compatibilizadores o agentes de acoplamiento [23,26-27,30-35].

A continuación se presentan los principales rellenos inorgánicos utilizados en la preparación de membranas híbridas para separación de gases.

1.2.2 Rellenos incorporados por dispersión

Zeolitas

La incorporación de zeolitas en matrices poliméricas puede lograr un aumento en la permeabilidad y la selectividad de la membrana de matriz mixta formada si, en primer lugar, se selecciona adecuadamente el par zeolita-polímero. Además, lograr estas mejoras en las propiedades de la membrana depende de las propiedades intrínsecas de la zeolita y del polímero, la interacción entre ambos materiales y de la carga de zeolita en la membrana [36].

En relación a la selección del tipo de zeolita a ser utilizado como relleno, una de las principales características a tener en consideración es la dimensión de los poros del material, ya que los mismos deben poseer las dimensiones adecuadas para poder separar un determinado par de gases según sus diferencias en cuanto a forma y tamaño [22].

Se han reportado trabajos donde la incorporación de zeolitas sintéticas condujo a una mejora en las características de separación de polímeros gomosos. Entre las zeolitas sintéticas más utilizadas se encuentran la A, X, Y y silicalita [37].

Tantekin-Ersolmaz y col. [38] estudiaron el efecto del tamaño de partícula de la silicalita incorporada en un polímero gomoso, utilizando como matriz polidimetilsiloxano (PDMS). Los resultados de permeación de gases utilizando O_2, N_2 y CO_2, mostraron un aumento en la permeabilidad de las membranas de matriz mixta al aumentar el tamaño de las partículas de silicalita, siendo más pronunciado el efecto en la permeabilidad a mayores cargas de relleno. La selectividades ideales se vieron menos afectadas por el cambio en el tamaño de las partículas.

El efecto de la incorporación de zeolitas 5A, Silicalita-1, KY y 13X en los polímeros gomosos PDMS, etileno-propileno (EPDM), policloropreno (PCP) y nitrilo butadieno (NBR) fue investigado por Duval y col. [9]. Se observaron aumentos tanto en la permeabilidad como en la selectividad CO_2/CH_4 en el caso de la silicalita-1, KY y 13X, pero no se observaron mejoras al utilizar zeolita 5A, lo cual puede ser atribuido a que su estructura porosa no se encuentra disponible para la permeación de las moléculas de gas en las condiciones estudiadas. También concluyeron que el tamizado molecular por exclusión de tamaño no es el único mecanismo involucrado en la permeabilidad y que la afinidad de las moléculas de gas por la superficie interna de las zeolitas juega un papel importante en el transporte.

Adicionalmente fueron reportados trabajos utilizando como matriz polimérica polímeros vítreos. En este tipo de sistemas se acentúa el problema relacionado con la adhesión entre las fases que componen la membrana de matriz mixta.

Duval y col. [7] incorporaron zeolita en diversos polímeros vítreos como acetato de celulosa (AC), polisulfona (PSF), polieterimida (PEI) y poliimida (PI) entre otros. En general se observó que en relación a la permeación de gases, las permeabilidades aumentaron al incorporar la zeolita, pero sin obtener mejoras en cuanto a la selectividad de la membrana. Esto fue atribuido a la falta de adhesión entre la zeolita y la matriz polimérica, lo que genera "huecos" en la interfase. Fueron también investigados algunos métodos para intentar mejorar la estructura interna de la membrana. Entre estos puede mencionarse la modificación superficial de la zeolita utilizando un silano como agente de acoplamiento y su posterior incorporación en PEI. Se obtuvieron mejoras notables en cuanto a la adhesión, sin embargo estos resultados no se reflejaron en las propiedades de permeación. Otro método estudiado involucra la evaporación del solvente a una temperatura superior a la Tg del polímero y la realización de tratamientos térmicos a la membrana a elevadas temperaturas. En ambos casos no se obtuvieron resultados positivos.

Membranas de polisulfona y zeolita 13X formadas por extrusión fueron investigadas por Gür [39]. Las permeabilidades de gases obtenidas no reflejaron un efecto marcado del relleno al compararlas con las de la membrana polimérica pura. El autor concluye que el diámetro de poros de la zeolita 13X es mayor que el diámetro cinético de las moléculas de los gases testeados, por lo que no tiene lugar la separación por exclusión de tamaño en el relleno.

Pechar y col. [8] sintetizaron con éxito membranas a partir de una poliimida (PI) y zeolita ZSM-2, la cual fue funcionalizada con grupos amino al reaccionar con un agente de acoplamiento. Las imágenes de microscopia revelaron un buen contacto entre los dos materiales en la interfase. En cuanto a las medidas de permeación, fueron realizados ensayos con He, CO_2, O_2, N_2 y CH_4. Las permeabilidades de He, CH_4 y CO_2 disminuyeron en las membranas de matriz mixta y se observó en cambio un aumento para O_2 y N_2. Estos valores reflejan los cambios observados en los coeficientes de difusión. Dependiendo de los pares de gases analizados, las selectividades mostraron pocos cambios con leves aumentos o disminuciones.

Yong y col. [40] sintetizaron membranas de matriz mixta libre de defectos interfasiales incorporando zeolitas preparadas con 2, 4, 6-triaminopirimidina (TAP) en una PI. TAP mejora el contacto entre las fases debido presumiblemente, a la formación de enlaces puente hidrógeno entre los materiales. Las membranas mostraron un aumento en la permeabilidad de gases, pero sin mejoras en la selectividad.

En relación a la polieterimida, Husain y Koros [6] prepararon membranas asimétricas de fibra hueca incorporando a este polímero zeolita HSSZ-13 modificada superficialmente. En su trabajo, realizaron dos tipos de tratamientos superficiales a la zeolita para mejorar su compatibilidad con la PEI. En primer lugar utilizaron un silano como agente de acoplamiento, sin embargo se observó una pobre adhesión entre los materiales sin obtenerse mejoras en la selectividad a los gases estudiados, en relación a la membrana polimérica pura. El otro procedimiento consistió en reemplazar grupos hidroxilo superficiales de la zeolita por grupos metilo, para hacer su superficie más hidrofóbica. Estas membranas mostraron una mejora en la selectividad de 10% y 17% para O_2/N_2 y CO_2/CH_4 respectivamente.

Li y col. [15] sintetizaron membranas combinando polietersulfona (PES) y zeolitas 3A, 4A y 5A . En este trabajo se demostró que la influencia del bloqueo parcial de los poros de las zeolitas por las cadenas poliméricas, en la performance en separación de gases de las MMM es mayor que el efecto del aumento de la rigidez que sufre el polímero. La permeabilidad a los gases ensayados disminuyó al incorporar las zeolitas.

Nanopartículas mesoporosas de zeolita ZSM-5 fueron introducidas en una matriz de PI (Matrimid) por Zhang y col.[41]. Las membranas obtenidas presentaron características óptimas en cuanto al contacto de las fases. La selectividad de estas membranas fue superior al de la membrana de PI. Los autores atribuyeron la buena adhesión entre los materiales al hecho de que las cadenas poliméricas pueden penetrar en los mesoporos del relleno, evitando la creación de "huecos" no-selectivos. Además, los microporos de la zeolita proveen a la membrana una mayor selectividad en cuanto a la separación según la forma y tamaño de los gases que permean.

Carbones

Los tamices moleculares de carbón (CMS) se caracterizan por presentar una distribución de tamaño de poros. Por este motivo, a diferencia de las zeolitas los CMS no tienen solo un tamaño de poro definido, pero si un tamaño principal (o predominante) que se encuentra en el rango de las dimensiones moleculares [9].

Duval y col. [9] incorporaron CMS en dos polímeros gomosos, polidimetilsiloxano (PDMS) y etileno-propileno (EPDM), no observándose mejoras en las propiedades de transporte de las membranas sintetizadas. Los autores atribuyen estos resultados a la estructura porosa de los CMS, la cual está formada por poros que no se encuentran interconectados (*dead-end pores*). Las moléculas que difunden, no lo pueden hacer a través de las partículas de CMS, o sólo en una pequeña proporción.

En relación a los polímeros vítreos, Vu y col. [10] incorporaron CMS sintetizados en el laboratorio, en una matriz de PEI. Las partículas de CMS fueron preparadas por la pirólisis a elevadas temperaturas de una poliimida (Matrimid). La permeación de gases puros en las membranas de matriz mixta mostraron mejoras de 40% y 8% en la selectividad CO_2/CH_4 y O_2/N_2 respectivamente. Los autores comparan las zeolitas con los CMS y resaltan características más ventajosas de estos últimos para ser utilizados como relleno en MMM.

Otros tipos de materiales porosos que también fueron utilizados como fase dispersa son carbones activados y nanotubos de carbón. Anson y col. [42] incorporaron dos carbones activados comerciales micro-mesoporosos en una matriz compuesta por un co-polímero de acrilonitrilo-butadieno-estireno (ABS). Las membranas compuestas mostraron un aumento simultáneo de la permeabilidad a CO_2 y de la selectividad CO_2/CH_4. En este caso el aumento en la selectividad con el aumento del contenido de carbón activado no es debido a un mecanismo de tamizado molecular, ya que el tamaño de poros de la fase dispersa es mayor que el diámetro de las moléculas de gas que permean. Los autores atribuyen estos resultados a la existencia de un flujo superficial a través del carbón activado que es preferencial hacia el CO_2 que es un gas más adsorbible que el CH_4.

García y col. [43] incorporaron carbón activado en una matriz de PEI. Al aumentar el contenido de carbón en la membrana se observó una pobre adhesión interfasial con el polímero, formándose aglomerados de carbón. La permeabilidad a los distintos gases ensayados aumentó para las membranas compuestas y las selectividades mostraron algunos aumentos para determinados pares de gases (H_2/CH_4, H_2/CO_2 y O_2/N_2). Los autores explican estos resultados por la sorción preferencial de ciertos gases en las superficies del carbón o en la interfase carbón-polímero, así como a una exclusión molecular por tamaño.

Cong y col. [44] prepararon membranas nanocompuestas de poli(2,6-difenil-1,4-óxido de fenileno) y nanotubos de carbón (CNTs). Si bien observaron un aumento en la permeabilidad a CO_2, la selectividad CO_2/N_2 fue similar al de la membrana polimérica pura. Los autores concluyen que las cadenas poliméricas no están bien adheridas a las paredes de los nanotubos, lo que conduce a la formación de algunos espacios por los cuales las moléculas de gas pueden pasar libremente, lo cual explicaría el hecho de que no se observara un aumento en la selectividad.

Nanotubos de carbón fueron introducidos en una matriz de poli(imida siloxano) por Kim y col. [45] presentando una buena dispersión del relleno en el co-polímero. Se observó un aumento en la permeabilidad a algunos de los gases testeados como O_2, N_2 y CH_4, por lo que los autores señalan a estos rellenos como aditivos atractivos para ser utilizados con el objetivo de mejorar la permeabilidad de gases en polímeros. Sin embargo aquellas

moléculas gaseosas más pequeñas como He, H_2 y CO_2 solo mostraron aumentos en la permeabilidad para cantidades bajas de relleno adicionado.
Sanip y col. [46] incorporaron nanotubos de carbón funcionalizados con beta-ciclodextrina en una matriz de poliimida. Debido a que la efectividad de la incorporación de los nanotubos en la matriz polimérica depende en gran medida de una buena dispersión de los mismos, el objetivo de la funcionalización de estos rellenos fue evitar su agregación en el polímero. En relación a la permeabilidad de CO_2 en la MMM, se observó un aumento de la misma, lo cual fue atribuido a una fuerte adsorción de este gas en los canales de los nanotubos y a una mayor interacción del mismo con los grupos funcionales del relleno. Para un 0,7% en peso de relleno en el polímero se observó un aumento del 100% en la selectividad CO_2/CH_4, mientras que para un 0,5 y 1,0 % en peso la selectividad fue menor o igual a la de la membrana polimérica pura.

Sílice

De acuerdo a lo reportado en bibliografía, cuando se emplea sílice como relleno, se espera que la incorporación de estos sólidos no-porosos provoque, como se mencionó anteriormente, una modificación del empaquetamiento molecular de las cadenas poliméricas, esperándose que esto produzca una mejora en las propiedades de separación de polímeros vítreos [14].
He y col. [17] incorporaron diversas sílices comerciales (*fumed silica*) como relleno en el polímero vítreo 4-metil-2-pentino (PMP). La incorporación de estos rellenos de tamaño nanométrico en un polímero con gran volumen libre, condujeron a un aumento en la permeabilidad, así como en la selectividad vapor orgánico/gas permanente (n-butano/metano).
Utilizando una de las sílices comerciales con las que trabajaron He y col., y empleando como matriz polisulfona, Ahn y col. [16] prepararon

membranas híbridas para separación de gases. Nuevamente se observó que la adición de sílice mejora la permeabilidad de la membrana, aumentando la misma con el incremento del contenido del relleno. Si bien la polisulfona es un polímero vítreo, pero de bajo volumen libre; la incorporación de sílice también conduce en este caso a un aumento de ese volumen libre al contribuir en la formación de un empaquetamiento ineficiente de las cadenas poliméricas. Esto produce a su vez un aumento de la difusión y por consiguiente de la permeabilidad a través de la membrana, siendo más favorecidos los gases de mayor tamaño. Sin embargo se observó una disminución de la selectividad ideal.

Membranas nanocompuestas basadas en polieterimida y tres tipos de sílices comerciales modificadas superficialmente para obtener materiales más hidrofóbicos fueron preparadas por Takahashi y Paul [47]. Los autores observaron una disminución de la selectividad de estas membranas comparada con la membrana polimérica pura, debido a la aglomeración de las partículas de sílice, a lo cual se suma la presencia de "huecos" generados en la interfase. Además concluyeron que el grado de dispersión de las partículas tiene una relación directa con el tratamiento superficial de la sílice. Las partículas tratadas con compuestos que poseen una cadena más larga presentan mayor aglomeración. En un segundo trabajo de esta serie los autores utilizaron partículas de SiO_2 las cuales fueron químicamente unidas a la matriz de PEI a través de un agente de acoplamiento (aminosilano) [48]. Las membranas también presentaron aglomeración de partículas, sin embargo se redujo el volumen de "huecos" al utilizar el agente de acoplamiento. La selectividad de las membranas sintetizadas fue inferior o equivalente, en algunos casos, a la de la matriz polimérica.

1.2.3 Rellenos incorporados in situ

1.2.3a Técnica sol-gel: generalidades

La incorporación del material inorgánico en la matriz polimérica puede ser llevado a cabo a través del proceso sol-gel, el cual es un método simple de crecimiento de la fase inorgánica en la solución de polímero, promoviendo una fina dispersión del componente inorgánico en el polímero [17,33].

Este proceso consiste en reacciones de hidrólisis y condensación, a partir de un alcóxido precursor, que son típicamente catalizadas por un ácido o una base. Las velocidades relativas de las reacciones son gobernadas por las condiciones de reacción. La morfología y las propiedades finales dependen de una serie de variables interdependientes tales como la estructura del alcóxido, el pH del medio de reacción, la cantidad de agua y catalizador con relación al alcóxido, entre otras [31].

Este método permite mezclar en solución los precursores de las nanopartículas inorgánicas con monómeros orgánicos, oligómeros o polímeros. Entre las principales ventajas del proceso sol-gel se pueden mencionar las moderadas condiciones de reacción que se utilizan, generalmente a temperatura y presión atmosférica. Además las concentraciones de los componentes son fácilmente controladas [49].

1.2.3b Utilización de alcóxidos de silicio

Como precursores de sílice en membranas híbridas son muy utilizados los alcóxidos de silicio, incorporando los mismos en distintas matrices poliméricas. En el caso particular de membranas utilizadas para separación de gases es muy empleado tetraetoxisilano, más conocido como TEOS [21,32,50].

Sadeghi y col. [32] sugirieron que algunos de los posibles efectos de la sílice en los compuestos polímero-sílice formados pueden ser: un aumento en la distancia entre las cadenas poliméricas por la presencia de las partículas de sílice, lo que limita el empaquetamiento en el polímero. Esto puede llevar a un aumento en la permeabilidad y selectividad de la membrana. Se puede producir un aumento en la solubilidad de algunos gases como consecuencia de interacciones entre los grupos OH presentes en el relleno inorgánico y los gases que contengan enlaces polares, tales como CO_2 y SO_2. Si existen interacciones débiles entre los dos materiales de la membrana se pueden formar "huecos" en la interfase, lo cual aumenta la permeabilidad a los gases. Finalmente, las partículas de sílice pueden actuar como una barrera en el polímero, disminuyendo la permeabilidad.

Numerosos trabajos fueron publicados empleando poliimida (PI) como polímero [21,51-53]. Las propiedades de estas membranas de poliimida/sílice sintetizadas utilizando la técnica sol-gel dependen de la morfología obtenida. Esto pone de manifiesto que una adecuada selección de los reactivos y de las condiciones de síntesis conducen en algunos casos a mejoras significativas de la permeabilidad y selectividad de mezclas gaseosas (tales como CO_2/CH_4, O_2/N_2) de estas membranas comparadas con las de poliimida pura.

Cornelius y col. [31] sintetizaron membranas híbridas combinando una poliimida con diferentes tipos de alcóxidos de silicio: feniltrimetoxisilano (PTMOS), metiltrimetoxisilano (MTMOS) y tetrametilortosilicato (TMOS). En cuanto a la morfología de la membrana, se observaron distintos grados de dispersión en la matriz polimérica dependiendo del alcóxido empleando, debido a sus diferentes reactividades.

Las características de los grupos funcionales presentes en los precursores afectan directamente la velocidad de reacción del proceso sol-gel, y en consecuencia la estructura del material híbrido que se obtiene. TMOS produce membranas híbridas homogéneas y altamente entrecruzadas, mientras que PTMOS y MTMOS conducen a la formación de materiales híbridos con separación entre las fases.

Es importante mencionar que para alcanzar una estructura interna homogénea en la membrana es indispensable la utilización de agentes de acoplamiento. Estos compuestos poseen una parte orgánica que puede interactuar con el polímero y grupos funcionales que lo hacen con la red inorgánica formada. Muchos trabajos de investigación han reportados los beneficios de incorporar estos agentes de acoplamiento [23,26,33-34].

Diferentes efectos pueden ser atribuidos al agente de acoplamiento, entre los que podemos mencionar: mejorar la dispersión de la sílice y asegurar la adhesión entre las fases [33,54], la creación de interacciones con grupos funcionales presentes en el polímero [33] así como cambios en la superficie de la sílice lo cual evita la formación de aglomerados [35]. También se puede ver influenciada la estructura de la sílice formada, favoreciéndose la formación de redes inorgánicas lineales [34].

Nunes y col. [33] obtuvieron una fase de sílice bien dispersa en una matriz de PEI. Los autores reportaron que la dispersión a nano escala solo fue posible cuando se introdujo una pequeña cantidad de aminosilano, el cual no solo mejora la dispersión, sino que además asegura la adhesión entre la fase inorgánica y la matriz polimérica orgánica. Esto es indispensable para evitar la formación de defectos en las membranas. Ellos también reportan que los grupos amino del agente de acoplamiento interactúan fuertemente con los grupos imida de PEI.

Kim y col. [35] reportaron que los agentes de acoplamiento conteniendo grupos silano son utilizados para modificar la superficie de la sílice a través de sus grupos bifuncionales, para mejorar la compatibilidad de ésta última con el polímero. Esta modificación superficial es necesaria ya que las nanopartículas de sílice poseen un área superficial cubierta con grupos silanoles, los cuales le otorgan un carácter hidrofílico que no es compatible con la matriz polimérica. Además, las partículas de sílice tienden a adherirse unas a otras a través de enlaces puente hidrógeno, formando aglomerados de sílice.

Musto y col. [34] y Ragosta y Musto [55] reportaron que la presencia del agente de acoplamiento puede también afectar la estructura de la red inorgánica formada. Ellos estudiaron la incorporación de g-glicidiloxipropiltrimetoxisilano (GOTMS) en membranas híbridas y observaron una fuerte influencia en la fase de sílice, favoreciendo la formación de de estructuras lineales (no cíclicas) de cadenas ramificadas escasamente interconectadas.

1.2.4 Aplicación en separación de gases

Las membranas utilizadas para separación de gases ofrecen numerosas ventajas, entre las que se pueden mencionar bajo consumo energético, simplicidad operacional y buenas propiedades mecánicas [4]. Antes de referirnos a las principales aplicaciones de las membranas en estas separaciones, es conveniente comentar los fundamentos y mecanismos que rigen el transporte de gases en membranas.

1.2.4a Permeación de gases - Fundamentos

Para definir el mecanismo de permeación a través de la membrana se pueden utilizar dos mecanismos, dependiendo de la estructura de la misma [2]. En el caso de membranas microporosas el flujo de las especies que permean se realiza a través de los poros y la separación ocurre debido a la exclusión por tamaño.

Para las membranas densas se utiliza el modelo de solución-difusión, en el cual los gases permeantes se disuelven en el material que compone la membrana y luego difunden a través de la misma debido a un gradiente de concentración. Los permeantes son separados debido a la diferencia en las solubilidades en la membrana y las diferencias en las velocidades a las cuales difunden a través de la membrana. La fuerza impulsora total que produce el movimiento del permeante es el gradiente de su potencial químico.

El flujo de un componente i J_i ($g/cm^2.s$) puede ser descripto por la simple ecuación:

$$(1.1) \qquad J_i = -L_i \frac{d\mu_i}{dx}$$

donde $d\mu_i/dx$ es el gradiente de potencial químico del componente i y L_i es un coeficiente de proporcionalidad.

Diversas consideraciones deben ser realizadas para definir cualquier modelo de permeación. En primer lugar se asume que los fluidos a ser transportados a través de la membrana, están, a cada lado de la misma, en equilibrio con el material de la membrana en la interfase. Esto significa que el gradiente de potencial químico de un lado de la membrana al otro es continuo, lo que implícitamente asume que las velocidades de absorción y desorción en las dos caras de las interfases de la membrana son mucho mayores que la velocidad de difusión a través de la misma.

En segundo lugar, el modelo de solución-difusión asume que cuando se aplica una presión a través de una membrana densa, la presión a través de la membrana es constante y corresponde al mayor valor. Consecuentemente, el modelo asume que la presión dentro de la membrana es uniforme, y que el gradiente de potencial químico dentro de la membrana es expresado sólo como un gradiente de concentración (Fig. 1.2).

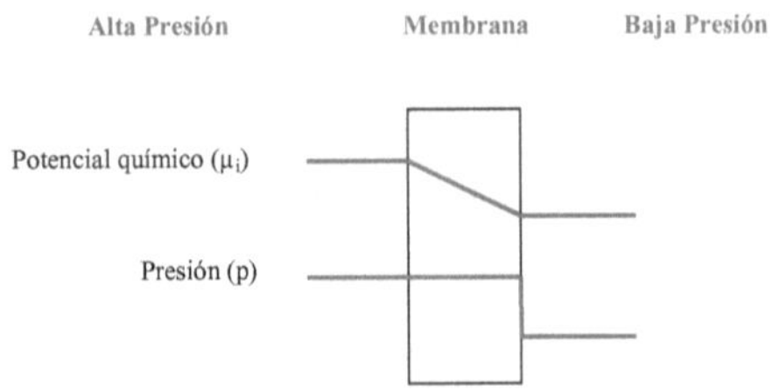

Figura 1.2. Perfiles de potencial químico y presión a través de una membrana de acuerdo al modelo de solución-difusión.

El flujo puede ser expresado como:

$$(1.2) \qquad J_i = -D_i \frac{dc_i}{dx}$$

donde D_i es el coeficiente de difusión del componente i.

Integrando en el espesor de la membrana podemos expresar el flujo como:

$$(1.3) \qquad J_i = \frac{D_i(c_{io} - c_{il})}{l}$$

Los subíndices *o* y *l* representan las interfases de alimentación y permeado respectivamente. Por lo tanto c_{io} representa la concentración del componente i en contacto con la membrana en la interfase del lado de la alimentación. A su vez esta concentración puede ser escrita como:

$$(1.4) \qquad c_{io} = S_i^G . p_{io}$$

Siendo S_i^G el coeficiente de sorción de la fase gaseosa. Exactamente del mismo modo la concentración del componente i en la interfase membrana/permeado puede ser escrita como:

$$(1.5) \qquad c_{il} = S_i^G . p_{il}$$

Combinando las ecuaciones 1.4 y 1.5, la ecuación 1.3 queda:

$$(1.6) \qquad J_i = \frac{D_i S_i^G (p_{io} - p_{il})}{l}$$

El producto D_i S_i^G es frecuentemente abreviado como el coeficiente de permeabilidad P_i^G, para dar la expresión más familiar:

$$(1.7) \qquad J_i = \frac{P_i^G (p_{io} - p_{il})}{l}$$

Por lo tanto, según el modelo de solución-difusión, la permeación a través de la membrana es controlada por dos parámetros: el coeficiente de difusividad (D_i o D) y el coeficiente de solubilidad (S_i^G o S). La difusividad es una medida de la movilidad individual de las moléculas a través de los espacios existentes entre las cadenas poliméricas del material de la membrana. El coeficiente de solubilidad es igual a la relación entre la concentración del permeante disuelto en el lado de la interfase con la membrana y la presión parcial del mismo, ambos considerados en el lado de alta presión de la membrana [14].

Finalmente, la capacidad de la membrana para separar dos moléculas, por ejemplo A y B, es la relación entre sus permeabilidades, denominada selectividad, permeoselectividad o selectividad ideal:

$$(1.8) \qquad \alpha_{A/B} = \frac{P_A}{P_B}$$

La ecuación 1.8 puede ser escrita como: $\alpha_{A/B} = \left(\frac{D_A}{D_B}\right)\left(\frac{S_A}{S_B}\right)$.

La relación D_A/D_B puede ser vista como una movilidad selectiva, reflejando los diferentes tamaños de las dos moléculas. La relación S_A/S_B es la solubilidad selectiva, y refleja las condensabilidades relativas de los dos gases. En todos los materiales poliméricos, el coeficiente de difusión disminuye al aumentar el tamaño molecular, por lo cual la movilidad selectiva siempre favorece el pasaje de las moléculas más pequeñas. Sin embargo la magnitud de esta relación depende también en gran medida del estado en el cual se encuentre el material polimérico en relación a su Tg. En polímeros vítreos el coeficiente de difusión disminuye mucho más rápidamente al aumentar el tamaño del permeante que en polímeros en su estado gomoso.

El coeficiente de sorción aumenta al aumentar la condensabilidad del permeante, con lo cual el coeficiente de sorción también aumenta con el incremento del diámetro de las moléculas, ya que las moléculas más grandes son normalmente más condensables que las más pequeñas. La diferencia entre los coeficientes de sorción de los permeantes en polímeros vítreos y gomosos es menos marcada que la diferencia entre los coeficientes de difusión [2].

1.2.4b Separaciones de gases de interés industrial

En cuanto a las separaciones de gases en las cuales se aplicaron membranas, en la Tabla 1 se resumen las más importantes [37,56].

Tabla 1.1. Aplicación de membranas en separación de gases.

SEPARACIÓN DE GASES	APLICACIÓN
O_2/N_2	Enriquecimiento de oxígeno, generación de gas inerte
H_2/Hidrocarburos	Recuperación de hidrógeno
H_2/N_2	Purga de amonio
H_2/CO	Ajuste de relación de gas de síntesis
CO_2/Hidrocarburos	Tratamiento de gas ácido

H_2O/Hidrocarburos	Deshidratación de gas natural
H_2S/Hidrocarburos	Tratamiento de gas natural
He/Hidrocarburos	Separación de Helio
He/N_2	Recuperación de Helio
Hidrocarburos/aire	Recuperación de hidrocarburos. Control de contaminación.
H_2O/aire	Deshumidificación del aire

De las aplicaciones mencionadas, es de particular interés para esta tesis la separación CO_2/CH_4, debido a su importancia en el procesamiento de gas natural. La remoción de gases ácidos como CO_2 y H_2S del gas natural se debe realizar para aumentar el valor calorífico del gas natural, para disminuir el volumen de gas transportado por las tuberías, para reducir la corrosión durante el transporte y distribución del gas natural y para prevenir la contaminación atmosférica [57].

Como la purificación del gas natural requiere la remoción de CO_2, H_2S y H_2O, con una mínima pérdida de CH_4, para que un proceso de separación con membrana sea exitoso, ésta debe presentar una alta selectividad CO_2 /CH_4.

Numerosos trabajos fueron publicados utilizando membranas híbridas con diversos polímeros y rellenos inorgánicos [9-10,28,42,53,58], para el proceso de separación antes mencionado.

1.2.5 Otras Aplicaciones

Las propiedades específicas de los nuevos compuestos orgánicos-inorgánicos formados permiten mencionar otras aplicaciones de gran importancia de estos compuestos híbridos [59]:

Transparencia: altas demandas en cuanto a la calidad óptica de los materiales son requeridas si los mismos van a ser utilizados en dispositivos óptico-electrónicos.

Propiedades térmicas y mecánicas: las mejoras de estas propiedades permite utilizar los materiales compuestos en sustitución de materiales clásicos como metales. De esta forma se logran materiales más livianos que encuentran aplicaciones por ejemplo en la industria del transporte. Por su resistencia y propiedades de barrera son utilizados como recubrimiento.

Alteración de las propiedades ópticas: las aplicaciones de nanocompuestos en dispositivos electrónicos y optoelectrónicos incluyen diodos emisores de luz, fotodiodos, células solares y sensores de gas entre otros. Mejoras en las propiedades de estos materiales se observaron incorporando partículas funcionalizadas.

Sensores químicos: cambios reversibles en algunas propiedades como resistencia eléctrica frente a la exposición de determinadas sustancias químicas permite el uso de materiales compuestos como sensores.

Propiedades conductoras: materiales compuestos de electrolitos son utilizados en baterías o capacitores. El material formado debe tener componentes que puedan interactuar con los iones conductores.

1.3 Objetivos y esquema general

El objetivo general de la tesis se puede expresar como el desarrollo de nuevos materiales híbridos para su utilización como membranas en separación de gases. Para poder describir adecuadamente los materiales desarrollados es imprescindible caracterizar los mismos para determinar sus propiedades.

En primer lugar fue necesaria la selección del material polimérico a ser utilizado como matriz, como así también la de los distintos rellenos y la forma de realizar la incorporación de los mismos. Diversas técnicas debieron ser empleadas en la caracterización tanto de las membranas híbridas como de los materiales precursores de las mismas.

En lo que respecta a la aplicación en separación de gases, el estudio se centró en la permeación de CO_2 y CH_4. Estos gases fueron seleccionados en función de la importancia industrial que tiene la separación de los mismos, como consecuencia de los altos costos que representan la separación a través de la utilización de las clásicas torres de absorción gas-líquido y, en particular, teniendo en cuenta la abundancia de gas en la cuenca gasífera del NOA.

Lo anteriormente expuesto se puede resumir a través del siguiente esquema:

- Descripción de las técnicas de síntesis, tanto de la membrana polimérica pura como de las membranas híbridas preparadas por dispersión y por el proceso sol-gel. Descripción de las técnicas de caracterización de los materiales precursores y de las membranas. Descripción del sistema de permeación de gases (Capítulo 2).
- Resultados de caracterización de los materiales precursores: polieterimida (PEI), sílices comerciales, tetraetoxisilano (TEOS) y aminopropiltrietoxisilano (APTEOS) (Capítulo 3).
- Resultados de caracterización y permeación de gases de membranas híbridas preparadas por dispersión (Capítulo 4).
- Resultados de caracterización y permeación de gases de membranas híbridas preparadas por el proceso sol-gel (Capítulo 5).
- Conclusiones generales del trabajo y proyecciones (Capítulo 6).

Capítulo 2: Técnicas y metodología experimental

En este capítulo se presenta la metodología experimental adoptada en este trabajo de tesis, como así también la descripción de los materiales utilizados. Se describe inicialmente la preparación de membranas poliméricas puras, continuando con las técnicas utilizadas para incorporar el material de relleno, por dispersión y a través del proceso sol-gel. Finalmente se presentan las diversas técnicas utilizadas para caracterizar las membranas.

2.1 Técnicas de síntesis

2.1.1 Síntesis de membranas de Polieterimida pura

Se prepararon membranas densas utilizando la técnica de solución-evaporación [1-2]. El polímero es disuelto en un solvente adecuado y posteriormente, una delgada película de la solución polimérica es esparcida sobre una placa plana con la ayuda de un extensor. Luego de la extensión, se produce la evaporación del solvente, formándose un film delgado del polímero.

El polímero elegido fue una polieterimida (PEI) comercial, denominada ULTEM 1000, de GE Plastics. En primer lugar se secó el polímero en estufa a 60°C. Luego se prepararon diversas soluciones de PEI empleando distintos solventes y concentraciones del polímero. El principal objetivo de esta etapa fue identificar las condiciones que lleven a membranas con mejores características en cuanto a permeación de gases, tomando como referencia las propiedades de permeación de PEI publicadas en trabajos científicos. Esta propiedad fue elegida como primer parámetro de selección debido a la aplicación de los materiales sintetizados como membranas para separación de gases. La permeabilidad que presenten las membranas, y en consecuencia el mecanismo de transporte que gobierne este proceso refleja la morfología de la membrana sintetizada.

Asimismo, estas membranas poliméricas fueron utilizadas como patrón de comparación entre las características y el desempeño de las membranas puras con las de las membranas híbridas. En la Tabla 2.1 se presentan las distintas alternativas ensayadas, que comprenden: solvente empleado, concentración de polímero y condiciones de evaporación del solvente, según se detalla a continuación.

Se utilizó como solvente N-Metilpirrolidona (NMP), cloroformo, o una mezcla de cloroformo y diclorometano, con concentraciones de polímero de 10 o 15% en masa, con agitación constante a temperatura ambiente. Estos solventes fueron seleccionados en base a trabajos científicos publicados que utilizan PEI como material polimérico en la preparación de membranas [60,33,6,47,26,61]. Luego de la disolución completa del polímero, la solución formada es esparcida en una placa de vidrio con la ayuda de un extensor. Este dispositivo posee diferentes graduaciones lo que permite obtener distintos espesores de membranas. En este caso entre 20 y 80 μm.

La etapa de evaporación del solvente se realiza en atmósfera inerte (con flujo de nitrógeno) o ambiente, efectuando el secado en estufa a 60°C para el caso en el que el solvente fue NMP.

Dos tipos de análisis fueron tenidos en cuenta al momento de seleccionar los sistemas polímero-solvente para sintetizar las membranas patrón y para la posterior incorporación de la sílice. Por un lado se tuvo en cuenta el aspecto de las membranas y su uniformidad, y además se realizaron medidas de permeación utilizando N_2 y CO_2 puros.

Las membranas sintetizadas utilizando NMP presentaron un aspecto visiblemente homogéneo y mostraron valores de permeabilidad a los gases mencionados similares a los reportados en la literatura para membranas de

PEI, los cuales serán reportados en el capítulo 3. Debido a que no se evidenciaron diferencias al realizar la evaporación del solvente en atmósfera inerte o ambiente, ésta última condición fue seleccionada para la síntesis con NMP debido a su simplicidad.

Cuando se utilizó cloroformo como solvente se obtuvieron membranas menos uniformes en cuanto al espesor de las mismas.; además al medir permeación de gases a las membranas se obtuvieron valores de permeación muy elevados, lo cual estaría indicando que la membrana no posee una estructura totalmente densa u homogénea.

La mezcla de diclorometano y cloroformo fue elegida en base a un trabajo de Takahashi y Paul [47]. Estos autores reportaron que las membranas de PEI sintetizadas utilizando solo diclorometano o cloroformo no eran homogeneas; en cambio cuando agregaron una pequeña cantidad de clorformo (entre 2 y 20% vol.) al diclorometano mejoraba notablemente el aspecto de las membranas.

En conclusión, los sistemas seleccionados fueron: una mezcla de diclorometano a la cual se le adicionó clorformo (10% en vol.) para la incorporación de sílice por dispersión. Cuando se utilizó el proceso sol-gel el solvente fue NMP [33,6]. Se fijó la concentración de polímero en un 15% en peso en todos los casos.

Tabla 2.1. Condiciones de síntesis de las membranas de PEI.

Polímero	Solvente	Concentración de Polímero (% masa)	Evaporación del Solvente
PEI (Ultem 1000)	N-Metilpirrolidona (NMP)	10	Estufa a 60 °C en atmósfera inerte o ambiente.
		15	
	Cloroformo	10	Condiciones ambientes, cubriendo el film para una evaporación lenta.
		15	
	Diclorometano/ Cloroformo	15	

2.1.2 Síntesis de membranas híbridas por la técnica de dispersión

Tipo de relleno

Como material inorgánico de relleno fueron utilizadas dos tipos de sílice ("fumed silica") de Cabot Corp. disponibles comercialmente. Una de ellas no posee tratamiento superficial (CAB-O-SIL M-5) y otra cuya superficie fue tratada químicamente, donde muchos de los grupos hidroxilos superficiales fueron reemplazados con grupos metilo (trimetil silano) para obtener un material con características más hidrofóbicas (CAB-O-SIL TS-530). Las propiedades de estos materiales, de acuerdo a lo reportado en catálogos de Cabot Corporation [62], se presentan en la Tabla 2.2.

Tabla 2.2. Propiedades físicas de las sílices utilizadas en la preparación de membranas híbridas

Sílice	Grupos superficiales	B.E.T. área superf. (m^2/g)	Tamaño de part. (nm)
M5	-OH	200	14
TS-530	$-Si(CH_3)_3$	210	13

A la solución formada por PEI y la mezcla de solventes (diclorometano y cloroformo) se le adiciona la cantidad de sílice deseada (TS-530 o M5) con agitación constante a temperatura ambiente. Luego de aproximadamente 24 horas de agitación, la solución es esparcida en una placa de vidrio con la ayuda de un extensor y posteriormente cubierta para permitir una evaporación lenta del solvente.

Modificación del contenido de sílice

Se sintetizaron membranas híbridas con contenidos entre 5 y 20% en masa de sílice en relación al polímero. En el caso de las muestras preparadas con TS-530 se sintetizaron membranas con 5, 10 y 20% de relleno. En el caso de M5 las membranas híbridas fueron preparadas con 5 y 10% de sílice. No fue posible incorporar contenidos mayores debido a que la viscosidad de la solución aumentaba notoriamente limitando la posibilidad de extender los films. Las membranas fueron denominadas como PEI-TX o PEI-MX, donde T es empleado en el caso de las membranas preparadas con TS-530 y M en las membranas con M5. X representa el contenido de sílice de las mismas.

Agregado del agente de acoplamiento

Fueron preparadas membranas con el agregado de 3-aminopropiltrietoxisilano (APTEOS), el cual es también utilizado como agente de acoplamiento en la síntesis de membranas híbridas por el proceso sol-gel (sección 2.1.3). La cantidad de APTEOS incorporada en todos los casos fue de un 2% en peso en relación a TS-530 o M5, según corresponda. Luego de mantener por 24 horas en agitación la solución formada por PEI, sílice y la mezcla de solventes, se agrega el APTEOS manteniendo la agitación a temperatura ambiente por 24 horas más. Finalmente la extensión de la solución y evaporación del solvente para formar la membrana son realizados en las mismas condiciones que las descriptas para las membranas con TS-530 y M5. Las membranas fueron denominadas como PEI-TX-AA o PEI-MX-AA, donde AA hace referencia a la utilización de APTEOS.

2.1.3 Síntesis de membranas híbridas por la técnica sol-gel

Aspectos generales del proceso sol-gel

El proceso sol-gel se lleva a cabo en dos etapas (Fig. 2.1). En una primera etapa se realiza la hidrólisis de un alcóxido metálico utilizado como precursor y luego tiene lugar la condensación de los productos de la hidrólisis formándose una red inorgánica tridimensional. En la figura se ejemplifican las reacciones del proceso a partir de tetraetoxisilano (TEOS).

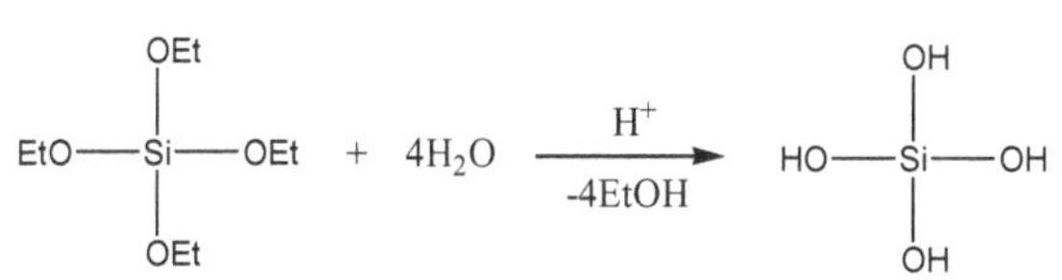

(a)

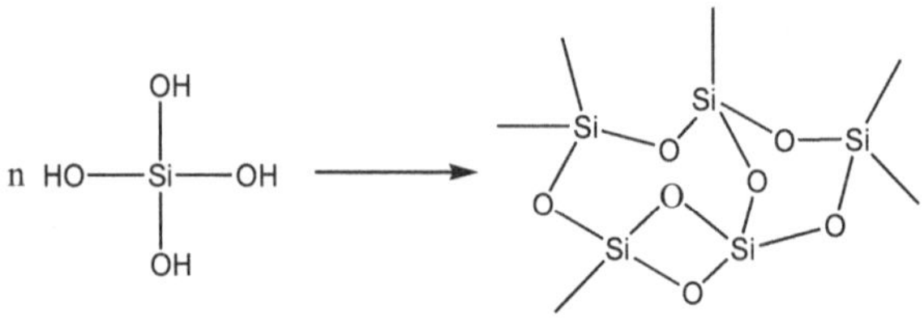

(b)

Figura 2.1. Reacciones del proceso sol-gel a partir de TEOS.
Hidrólisis (a) y Condensación (b).

Debido a que el agua y el alcoxisilano son inmiscibles, un solvente común a ambos como etanol, es generalmente utilizado para compatibilizar el sistema. Sin embargo en algunos casos no se utiliza etanol como solvente, ya que el alcohol producido como sub-producto de la hidrólisis es suficiente para homogeneizar el sistema [63].

En la reacción de hidrólisis, los grupos alcóxido son reemplazados por grupos hidroxilos. Esta reacción se produce por el ataque nucleofílico del átomo de oxígeno de la molécula de agua sobre el átomo de silicio. La reacción de condensación subsiguiente, que involucra los grupos silanoles, produce enlaces siloxano (Si-O-Si) más los productos alcohol o agua. En la mayoría de las condiciones, la condensación se inicia antes de que la hidrólisis se complete. La reacción de hidrólisis es más rápida y completa cuando se emplean catalizadores para llevarla a cabo. Los más utilizados son el HCl y el NH_3. Se ha reportado también que los ácidos son más efectivos que cantidades equivalentes de bases. Otro parámetro a tener en cuenta es la relación molar H_2O:Si, denominada **r**. Para completar la reacción de hidrólisis (1) y condensación (2) y producir una sílice anhidra es suficiente, en teoría, un valor de r = 2 debido a que el agua es un producto de la reacción de condensación:

(1)	$n\ Si(OR)_4 + 4n\ H_2O$	$\xrightarrow{\text{Hidrólisis}}$	$n\ Si(OH)_4 + 4n\ ROH$
(2)	$n\ Si(OH)_4$	$\xrightarrow{\text{Condensación}}$	$n\ SiO_2$ (anhidra) + $2n\ H_2O$
Reacción neta (1) + (2)	$n\ Si(OR)_4 + 2n\ H_2O$	$\longrightarrow$	$n\ SiO_2 + 4n\ ROH$

No obstante, aún en exceso de agua ($r >> 2$) la reacción no se completa. El principal objetivo de incrementar r es acelerar la reacción de hidrólisis. Es evidente que, altos valores de r podrían causar la hidrólisis completa de los monómeros antes de que ocurra una condensación significativa. Por otra parte, debido a que el agua se produce también en la reacción de condensación, valores grandes de r promueven la hidrólisis de los enlaces siloxano [63].

Diversos factores como temperatura, pH, naturaleza del solvente, etc, influencian la cinética de las reacciones de hidrólisis y condensación. Las velocidades relativas de ambas determinan la estructura final del material [29,31].

Análisis de diferentes opciones de síntesis

El proceso sol-gel ha sido ampliamente utilizado para la formación in situ de partículas de sílice en matrices poliméricas [3,21,23-24,26,29-30]. En el presente trabajo, se utilizaron tetraetoxisilano (TEOS) como precursor y 3-aminopropiltrietoxisilano como agente de acoplamiento (APTEOS), para la generación del material inorgánico por el proceso sol-gel, ambos suministrados por SIGMA-ALDRICH. Se utilizó agua destilada, para inducir la hidrólisis del alcóxido, ácido clorhídrico 37 % masa como catalizador y etanol como solvente en algunos casos.

Para llevar a cabo el proceso sol-gel se utilizaron relaciones molares 1:2:0.1 de TEOS agua y ácido clorhídrico. Cuando se utilizó APTEOS, la cantidad empleada fue de 5 % en peso en relación al TEOS.

Se emplearon dos metodologías diferentes:

a) la solución de TEOS se prepara separadamente utilizando etanol como solvente (procedimientos 1 y 2). Se toma una cierta cantidad de la misma y se adiciona a la solución polimérica. A la mezcla de TEOS y etanol (relación molar 1:1) se le adiciona el agua y el ácido con agitación permanente utilizando reflujo, debido a la elevada temperatura a la que se realiza la agitación [30]. En el procedimiento 3 se procede de manera similar, empleándose NMP como solvente.

b) la solución de TEOS se prepara in situ en la solución de PEI (procedimientos 4 y 5) [25-26,30-31,33]. En estos casos no se utilizó etanol para compatibilizar la solución formada por TEOS, agua y ácido, debido a que como se produce alcohol durante la hidrólisis, al no adicionar el mismo como solvente se favorece la reacción, desplazando el equilibrio en el sentido de la hidrólisis [31,63]. En el procedimiento 4 TEOS y APTEOS se adicionan en forma conjunta, mientras que, en el procedimiento 5, APTEOS fue primero adicionado a la solución polimérica y agitado durante 24 horas antes de la incorporación de TEOS. Finalmente, se mantiene la agitación por 6 horas adicionales.

Las modificaciones de diferentes parámetros de síntesis tales como la temperatura, tiempo de agitación y solventes utilizados se reportan en la Tabla 2.3.

Por otra parte, se analizó el efecto de la variación del contenido de sílice (5 - 15% en peso). El porcentaje en peso de sílice en la membrana híbrida, en relación al polímero, se calculó a partir de la cantidad de TEOS adicionada inicialmente, suponiendo que la reacción de hidrólisis es completa.

En la Tabla 3 se resumen las condiciones de síntesis utilizadas para llevar a cabo el proceso sol-gel.

La solución obtenida se esparce en una placa de vidrio con la ayuda de un extensor y posteriormente se colocan en una estufa a 60ºC durante 24 horas. El espesor de las membranas medido con micrómetro estuvo comprendido en el rango de 25 a 70 μm.
Las membranas fueron denominadas como PEI-X, donde X representa el contenido de sílice de la misma.

Redisolución de las membranas

Algunas de las membranas preparadas siguiendo el procedimiento 4 fueron re-disueltas. Se pesaron las membranas y se disolvieron en diclorometano o cloroformo utilizando un 5% en peso de membrana en relación al solvente, utilizando un agitador magnético a temperatura ambiente. Los solventes fueron seleccionados por su elevada volatilidad, lo cual permite realizar la etapa de evaporación, luego de colocar la solución en placas de petri, en condiciones ambientes, cubriendo las placas con papel aluminio para permitir una evaporación más lenta del solvente.
Las membranas fueron denominadas PEI-RX, donde R hace referencia a que son membranas re-disueltas y X representa el contenido de sílice de las mismas.

Modificación del contenido del agente de acoplamiento

Con el objetivo de estudiar el efecto de la cantidad de agente de acoplamiento en la preparación de las membranas, se sintetizaron membranas con un 10% de sílice, pero variando la cantidad de APTEOS. Como el contenido de sílice había sido fijado en un 5, 10 y 15%, se seleccionó la cantidad intermedia para analizar el efecto de APTEOS.
Empleando las condiciones establecidas en el procedimiento 4 para llevar a cabo la síntesis mediante el proceso sol-gel (Tabla 3), se varió el porcentaje en peso del agente de acoplamiento a un 10 y 15% en relación a TEOS.

Estas membranas fueron denominadas PEI-X-AA-Y, donde AA simboliza el APTEOS agregado en una cantidad Y.

También se sintetizaron membranas sin APTEOS (PEI-10 sin AA), y otras utilizando el mismo como precursor de la sílice en la membrana, es decir, sin incorporar TEOS (PEI-AA10).

Finalmente, en la Tabla 2.4 se presentan la totalidad de las membranas sintetizadas y caracterizadas en esta tesis.

Tabla 2.3. Condiciones de síntesis para el proceso sol-gel.

Sol-Gel Procedimientos	Materiales	Método de síntesis	Solvente para la hidrólisis	Condiciones de Agitación
1	TEOS H_2O + HCl	La hidrólisis de TEOS se realiza separadamente	Etanol	80°C – 1 hs
2	TEOS H_2O + APTEOS + HCl	La hidrólisis de TEOS se realiza separadamente en presencia de APTEOS	Etanol	80°C – 1 hs
3	TEOS H_2O + HCl	La hidrólisis de TEOS se realiza separadamente.	NMP	25°C – 1hs
4	TEOS + APTEOS H_2O + HCl	La hidrólisis de TEOS se realiza in situ en presencia de APTEOS.	NMP	25°C – 20 hs
5	APTEOS TEOS H_2O + HCl	Agregado previo de APTEOS a la solución de PEI y agitación 24 hs. Posterior hidrólisis de TEOS in situ.	NMP	25°C – 30 hs

Tabla 2.4. Resumen de las Membranas Sintetizadas

Método de Síntesis	Tipo de Sílice y/o Precursor de Sílice	Sílice (% peso)	APTEOS (% peso en relación a la sílice o a TEOS)	Membrana
Solución-Evaporación	-	-	-	PEI
Dispersión Solución-Evaporación	M5	5% 10%	-	PEI-M5 PEI-M10
		5% 10%	2%	PEI-M5-AA PEI-M10-AA
	TS-530	5% 10% 20%	-	PEI-T5 PEI-T10 PEI-T20
		5% 10% 20%	2%	PEI-T5-AA PEI-T10-AA PEI-T20-AA
Sol-Gel Procedimiento 4	TEOS	5% 10% 15%	5%	PEI-5 y PEI-R5 PEI-10 y PEI-R10 PEI-15 y PEI-R15
		10%	10%	PEI-10-AA10
			15%	PEI-10-AA15
			-	PEI-10 sin AA
Solución - Evaporación	APTEOS	10%	Se colocó únicamente APTEOS	PEI-AA10

2.2 Estudios de caracterización

2.2.1 Determinación de superficie específica, radio medio de poros y distribución de tamaño de poros

Para determinar la superficie específica, como así también el radio medio de poros y la distribución de tamaño de poros de las sílices comerciales, se empleó un sortómetro automático ASAP 2020 marca Micromeretics. Se obtuvieron las isotermas de adsorción empleando como adsorbato N_2 (g) y las mismas se realizaron a la temperatura del N_2 líquido, es decir a 77K. Previo a la determinación se realizó un desgasado en vacío de la muestra y el rango de presiones de trabajo se varió desde 5.10^{-3} mmHg hasta la presión atmosférica.

Para la determinación de la superficie específica se empleó el método BET, trabajándose con presiones relativas que van desde 0,1 a 0,35 aproximadamente, ya que en ese rango se cumplen las hipótesis planteadas por Brunauer, Emmett y Teller para esta isoterma. La muestra se somete a distintas presiones parciales de N_2 en el rango mencionado, registrando el volumen de gas adsorbido sobre la superficie de la muestra.

La determinación de la distribución de tamaño de poros, el volumen y radio medio de los mismos se realiza en el presente trabajo por medio del método BJH. Este método utiliza la isoterma de adsorción-desorción, debiendo necesariamente alcanzar presiones cercanas a la atmosférica (aproximadamente 0,868 atm en la ciudad de Salta), es decir una presión relativa aproximadamente igual a 1.

Cuando se relaciona la isoterma de adsorción de un gas con la distribución de tamaño de poros se deben tener en cuenta dos fenómenos: la condensación capilar del fluido dentro de los poros de un radio dado y la formación de una capa multimolecular de un espesor determinado sobre la superficie del sólido. Así, el radio del poro (r_p) puede calcularse a través de la contribución del radio de condensación (r_k) más el espesor de la capa de N_2 líquido adsorbido sobre la superficie (t):

$$r_p = r_k + t$$

Donde r_k corresponde al radio de Kelvin que, para el nitrógeno, resulta:

$$r_k = -\frac{0{,}415}{log\left(\frac{p}{p_0}\right)}$$

Los valores de r_k dan los radios del cilindro que se vacía cuando ocurre la evaporación capilar a la presión parcial p, siendo p_0 la presión de saturación del nitrógeno.
Un valor semi-empírico del espesor t se obtiene mediante la ecuación de Halsey:

$$t(A^0) = 3{,}54.\left[\frac{5{,}00}{ln\left(\frac{p_0}{p}\right)}\right]^{1/3}$$

El método de Barret, Joyner y Halenda (BJH) permite estimar el volumen de poros de un cierto rango de tamaños a partir de la medición del volumen de gas adsorbido y evacuado a diversas presiones relativas.

2.2.2 Métodos térmicos

La temperatura de transición vítrea (T_g) de las membranas fue determinada utilizando Calorimetría Diferencial de Barrido (DSC) en un equipo Perkin-Elmer modelo DSC-7. Las muestras fueron colocadas en celdas de aluminio cerradas, mantenidas bajo un flujo de nitrógeno de 22,5 ml/min. y calentadas dos veces desde 50 °C hasta 300 °C a una velocidad de 10 °C/min.
La temperatura de degradación térmica fue determinada mediante Análisis Termogravimétrico (TGA). Fue utilizado un analizador termogravimétrico Perkin-Elmer, modelo TGA 7. Las muestras son colocadas en una celda de platino y sometidas a calentamiento a una velocidad de 10 °C/min, en atmósfera de nitrógeno, hasta una temperatura final de 900°C.

2.2.3 Microscopía Electrónica de Barrido (MEB)

La morfología de las membranas fue evaluada por microscopía electrónica de barrido (MEB) utilizando un equipo marca JEOL Modelo JSM-6480 LV, con una capacidad de aceleración de voltaje entre 0,2 y 30 Kv. Provisto de sensores de electrones secundarios y retro difundidos de alto y bajo vacío. Antes del análisis las muestras son fracturadas en nitrógeno líquido (para evitar deformaciones de la sección transversal), fijadas en un soporte, y sometidas a un pre-tratamiento consistente en un recubrimiento con oro, para lo cual se emplea una unidad de metalización de oro, oro/paladio marca DESK-IV.

2.2.4 Análisis de Rayos x por Dispersión de Energías (EDS)

El análisis de EDS es una técnica empleada para identificar la composición elemental de un área de interés de una muestra. Las muestras a ensayar son previamente grafitadas.

Fue utilizado un analizador de energía dispersiva de rayos X marca Thermo Electrom, modelo NORAM System SIX NSS-100.

2.2.5 Espectroscopía de Infrarrojo (FTIR)

Los espectros de IR fueron obtenidos con un espectrofotómetro Spectrum GX FTIR Perkin Elmer.

Se trabajó con muestras sólidas de diferentes características. Por un lado las muestras de partículas sólidas finamente divididas correspondientes a las sílices comerciales CAB-O-SIL M-5 y CAB-O-SIL TS-530 empleadas como relleno y, por otra parte, las distintas membranas sintetizadas.

Para las primeras se empleó el modo de trabajo de transmisión. El sólido se muele finamente, se mezcla con un haluro transparente al IR, tal como KBr, y luego se prensa para obtener discos de aproximadamente 1 cm de diámetro. Se emplean diluciones de 1% en peso de la muestra en el haluro.

En el caso de las membranas, el modo de obtención del espectro fue a través de la técnica de reflectancia total atenuada (HATR). En esta técnica, la reflexión interna se produce cuando una radiación infrarroja entra en un cristal ATR transmisor y de alto índice de refracción. El cristal está diseñado para permitir una reflexión interna total que crea una onda evanescente sobre la superficie del cristal. Esta onda se extiende a la muestra que se mantiene en contacto íntimo con el cristal, registrándose el espectro de IR de la muestra. La profundidad de penetración de la onda evanescente dentro de la muestra es función del material del cristal y del ángulo de incidencia del haz. A menor índice de refracción y menor ángulo de incidencia, mayor penetración se consigue.

El dispositivo ATR horizontal (HATR) permite la aplicación sencilla de la muestra para su análisis. Utiliza un cristal estándar de ZnSe de 45°. El paso de luz puede modificarse cambiando el material del cristal o bien el plano de incidencia de este cristal. El ATR horizontal posee una plataforma acanalada muy fácil de llenar con la muestra y muy fácil de limpiar.

En este caso los espectros fueron realizados con una resolución de 4 cm^{-1}, un ángulo de incidencia de 45° y el cristal empleado fue Seleniuro de Zinc.

Análisis de los espectros

Para el análisis de los espectros de las membranas híbridas, constituidas por el polímero y por el material inorgánico, se empleó la técnica de substracción de espectros. De esta manera, se restó del espectro de la membrana compuesta el correspondiente a la membrana polimérica pura, a fin de analizar las bandas correspondientes a la sílice en lo que respecta a intensidad, posición y posibles desplazamientos con relación a las del material de relleno puro.

Para esto se procedió de la siguiente manera:

1°) Se realiza una corrección por ATR a todos los espectros.

2°) Dado que pequeñas variaciones en el espesor de la muestra conducen a variaciones importantes en la intensidad de las bandas en los espectros, se normalizan los mismos, previo a realizar la substracción a través del siguiente procedimiento:

- Se selecciona el pico de mayor intensidad en los espectros, que presenta un máximo a 1717 cm^{-1}, asignado a las vibraciones de estiramiento simétrico del grupo carbonilo en los anillos de ftalimida.

- Se determina su altura máxima en el rango entre 1754 cm^{-1} y 1637 cm^{-1} para todos los espectros.
- Se determina el factor por el cual se debe multiplicar a cada espectro de manera tal que todos posean igual intensidad de la banda mencionada.

3°) Se realiza la substracción de los espectros.

2.2.6 Propiedades mecánicas de tracción

Se realizaron pruebas de tracción en las membranas sintetizadas utilizando una máquina de ensayo universal SANS Modelo CMT 6104, utilizando una velocidad de deformación constante de 3 mm/min.

Preparación de las muestras

Para el montaje de las muestras se diseñó un dispositivo que permitiera una colocación sencilla y adecuada en el equipo de los films a ensayar.

En primer lugar se definieron las medidas de las probetas de forma rectangular, las cuales fueron de: 7 cm de largo y 1 cm de ancho. Las muestras fueron cortadas utilizando un cuter.

Se diseñó un soporte en forma de "C" (Fig. 2.2) de cartón en el cual se fijó la muestra, utilizando cinta doble faz. La forma del soporte permite colocar la muestra de manera que la misma quede perfectamente centrada con la mordaza del equipo. El soporte se coloca de modo que el mismo haga tope con la parte posterior de las mordazas. Una vez colocada y ajustada la distancia de las mordazas se corta la parte recta del soporte para que el esfuerzo de tracción sea solo aplicado a la membrana.

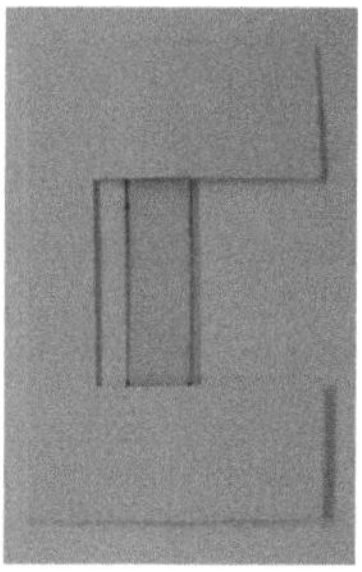

Figura 2.2. Dispositivo de montaje de muestras para las pruebas de tracción.

2.3 Ensayos de permeación

2.3.1 Descripción del sistema

Para la determinación de las permeabilidades de los gases se utilizó un sistema de permeación de gases, el cual se encuentra esquematizado en la Figura 2.3. El equipo consta fundamentalmente de una celda de permeación donde se coloca la membrana que actúa como barrera de separación entre la zona de alta (p_1) y de baja presión (p_2). La presión de alimentación del lado de alta presión es detectada por el transductor de alta (T1). La variación de presión en el lado de baja es determinada por un transductor de baja presión (T2) el cual está conectado a un adquisidor de datos (AD). Antes de la celda se encuentra un reservorio para el gas de alimentación (R). La salida del equipo está conectada a la bomba de vacío (BV) mediante la llave V5. Las zonas de alta y de baja presión se conectan a través de las llaves V2, V3 y V4.

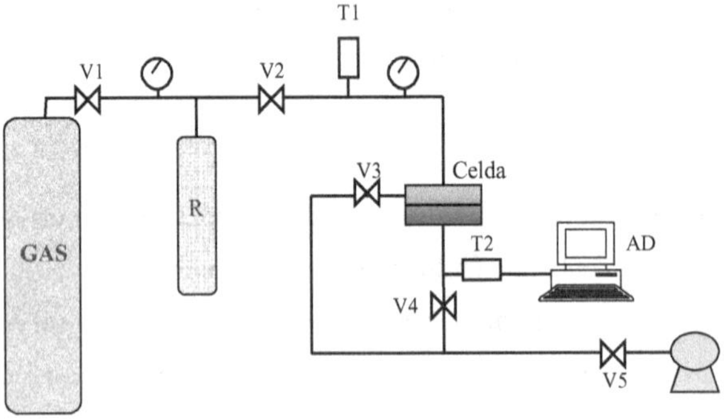

Figura 2.3. Equipo para medir permeabilidades.

2.3.2 Procedimiento experimental

Las medidas de permeación fueron realizadas a una presión en la zona de alta de 3 bar y a una temperatura de 30ºC.

1- Se coloca la membrana en la celda de permeación sobre el papel de filtro.

2- Desgasado: para llevar a cabo esta operación, se hace vacío mediante la bomba (BV). Antes de comenzar, supervisar que todas las llaves están cerradas. Primero se realiza vacío en la zona de baja presión (permeado) abriendo secuencialmente las llaves V5 y V4. Luego se cierra V4 y se abre V3. Se hace vacío simultáneamente en las zonas de la alimentación y del permeado abriendo V4 y V3. Finalmente se realiza vacío en el reservorio de alimentación de gas abriendo V2. El tiempo de desgasado depende de la membrana en estudio. Una vez finalizada esta operación, se cierran secuencialmente las llaves: V2, V3, V4 y V5.

3- Medidas de permeabilidad: se ingresa el gas en estudio al reservorio (R) abriendo la llave V1, hasta alcanzar la presión de alta deseada (p_1), la cual es leída en el manómetro. Una vez estabilizada dicha presión, se abre V2, a partir de allí, se inicia el proceso de permeación a través de la membrana. La presión en el lado de alta (p_1) es detectada por el transductor (T1), y la del lado de baja (p_2) por el transductor (T2), la variación de dicha presión con el tiempo, es registrada en el adquisidor de datos (AD).
4- Una vez finalizado el ensayo a una temperatura y presión de alta determinadas, se cierra V2, y se realiza el desgasado como se indicó en el paso 2, para luego cambiar el gas de alimentación.

La técnica de medición utilizada se conoce como "Time Lag" y consiste en medir la variación de presión en el lado de baja (p_2) con el tiempo (t), a volumen constante, hasta que esta variación se haga constante (estado estacionario).

Realmente siempre existe un estado no estacionario, pues si bien la presión de alta permanece constante, la presión de baja varía permanentemente durante toda la experiencia. Sin embargo, debido a que la presión de baja es mucho menor que la presión de alta (1-2%) y su variación es tan pequeña, se puede considerar que la fuerza impulsora media del sistema permanece constante durante toda la experiencia y que es alcanzado un estado pseudo estacionario.

La presión de baja en función del tiempo es registrada en el adquisidor de datos.

2.3.3 Obtención de datos

Como se observa en la Fig. 2.4, con los datos registrados de presión de baja en función del tiempo se realiza una gráfica y el valor de la pendiente de la recta (corresponde al comportamiento pseudo estacionario) es empleado para calcular la permeabilidad empleando la siguiente ecuación:

$$\frac{P}{l}=\frac{dP}{dt}\left(\frac{V_{Sist.}}{A.\Delta p}\right)\left(\frac{T_{CNTP}}{T.p_{CNTP}}\right)$$

P/l: es la permeabilidad de la membrana por unidad de espesor *l*.

dP/dt : pendiente de la recta obtenida de la variación de la presión de baja con el tiempo.

Δp: es la diferencia de presión en cmHg a través de la membrana.

A: es el área de permeación efectiva de la membrana.

T_{CNTP} *y* p_{CNTP} :son la temperatura y presión en condiciones normales, respectivamente.

$V_{Sist.}$: es el volumen del sistema del lado del permeado.

T: es la temperatura absoluta en las condiciones de operación.

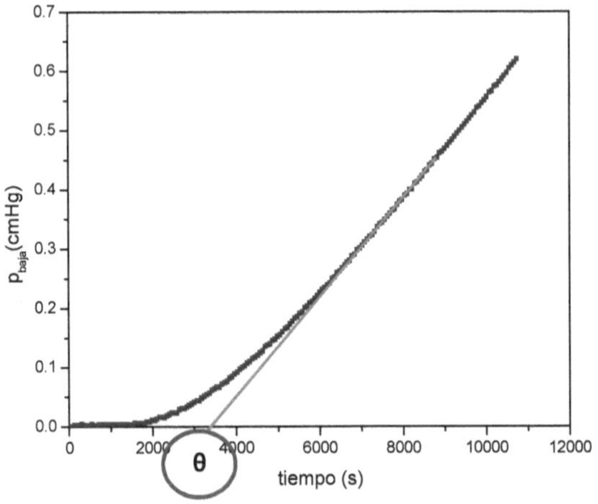

Figura 2.4. Variación de la presión de baja en función del tiempo (Permeación de CO_2 a 30°C y 3 bar para una membrana híbrida PEI-TEOS 10%).

La unidad más comúnmente utilizada para expresar la permeabilidad de gases en polímeros es el Barrer (1 barrer = 10^{-10} cm^3 (CNTP).cm/cm^2.s.cmHg).

El coeficiente de difusión aparente (D) fue determinado por el método *time lag*, representado por la siguiente ecuación:

$$\theta = \frac{l^2}{6\,D}$$

θ: time lag (s), obtenido de la intersección con el eje del tiempo resultante de extrapolar la región lineal del gráfico P vs tiempo.
l: espesor de la membrana (cm).

El coeficiente de solubilidad fue calculado como:

$$S = \frac{P}{D}$$

Capitulo 3: Caracterización de los materiales precursores empleados

En el presente capítulo se presentan los materiales utilizados en la síntesis de las membranas, tanto el polímero como los rellenos inorgánicos incorporados. Se exponen sus principales propiedades, como así también los resultados de las caracterizaciones realizadas a los mismos.

3.1 Polieterimida

El polímero seleccionado como matriz o fase continua de las membranas híbridas fue una polieterimida (PEI) comercial denominada Ultem 1000 de GE Plastics. La resina Ultem, es un polímero amorfo de elevada performance, caracterizado por sus excelentes propiedades térmicas, buena resistencia química y excepcional estabilidad dimensional. Esta resina presenta un color transparente marrón-ámbar y es producida por policondensación.

3.1.1 Estructura

En la Fig. 3.1 se presenta la estructura de una unidad de la cadena polimérica de PEI. La misma está constituida por dos unidades de ftalimida, conformadas a su vez por un grupo funcional imida contenido en un heterociclo. Las ftalimidas se enlazan a través de un átomo de oxígeno, constituyendo un éter, con un enlace flexible central del tipo Aromático – $C(CH_3)_2$ – Aromático.

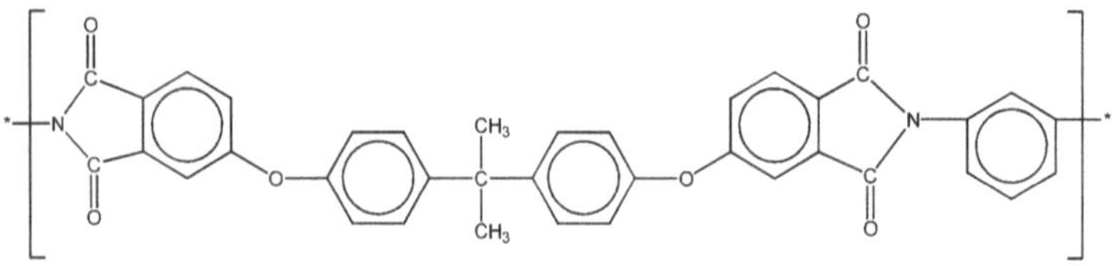

Figura 3.1. Estructura primaria de la polieterimida.

3.1.2 Propiedades generales

Entre las propiedades de interés, en el caso de la utilización de PEI como membranas, se pueden resaltar sus excelentes propiedades térmicas como así también la buena resistencia química. Además se pueden mencionar otras propiedades de importancia, tales como:

- Alta resistencia al calor.
- Muy buenas propiedades dieléctricas.
- Alta resistencia mecánica y buen desempeño en uso continuo a temperaturas hasta de 170°C.
- Resistente al fuego con baja producción de humo.
- Excelente estabilidad dimensional.
- Excepcional resistencia y módulo a elevadas temperaturas.
- Buena resistencia a una amplia gama de químicos tales como hidrocarburos halogenados, alcoholes y soluciones acuosas.

Aplicaciones:

Debido a su alta performance y flexibilidad de diseño, Ultem es utilizado en una amplia variedad de aplicaciones que incluyen recipientes de alta calidad para alimentos, recipientes aptos para microondas y diversos utensilios de cocina. Ultem es comúnmente usado para fabricar piezas reutilizables para dispositivos médicos, instrumentación analítica, aisladores eléctricos y electrónicos (incluyendo muchos componentes para proceso de semiconductores) y una gran variedad de componentes estructurales que requieren alta resistencia y rigidez a elevadas temperaturas [64].

En relación a su aplicación en membranas, la PEI fue utilizada en diversos procesos separativos. Como la separación de gases [6-7,10-11,47-48], pervaporación [65-66] y ultrafiltración [67-69].

3.1.3 Propiedades térmicas

3.1.3a Calorimetría Diferencial de Barrido (DSC)

La presente técnica permite determinar la temperatura de transición vítrea del polímero (Tg), la cual corresponde a aquella temperatura en la que transcurre una pseudotransición termodinámica en materiales vítreos. A esta temperatura, el polímero deja de ser rígido y constituye un punto intermedio de temperatura entre el estado fundido y el estado rígido del material. Por encima de la misma el polímero se torna gomoso y adquiere cierta elasticidad y capacidad de deformación plástica sin fractura. La determinación de la temperatura de transición vítrea de las membranas preparadas con diferentes solventes (una mezcla de diclorometano y cloroformo o NMP) condujo en primera instancia a valores diferentes: 211 °C en el caso de la mezcla de bajo punto de ebullición y 181°C en aquellas en las que se utilizó NMP.

La Tg reportada en la literatura para membranas de polieterimida es aproximadamente de 210 °C [1,33,70-73]. Debido a la gran diferencia encontrada en la Tg de las membranas preparadas con NMP, se supuso que podría haber algún vestigio de solvente en las membranas, lo que provocaba esa gran disminución en la Tg. Por este motivo se realizó un secado de las membranas a 200°C durante 48 hs, previo a la determinación de la Tg, encontrándose finalmente una temperatura de transición vítrea de 210°C.

3.1.3b Análisis Termogravimétrico (TGA)

Se utilizó la termogravimetría (TGA) para determinar la estabilidad térmica de las membranas sintetizadas. De los registros de la variación del peso de la muestra en función de la temperatura se obtienen los termogramas de donde se obtuvieron las temperaturas de descomposición (T_d) de las membranas.

En la Fig. 3.2 se presentan las curvas de TGA obtenidas tanto para las membranas sintetizadas utilizando la mezcla de diclorometano y cloroformo como solventes, como así también la del pellet de PEI comercial empleado para preparar las soluciones poliméricas.

Las temperaturas de degradación térmica (T_d) fueron de 558 °C para la membrana y de 547 °C para el pellet. Estos datos termogravimétricos confirman la buena estabilidad térmica de las membranas de PEI. La temperatura de degradación reportada en la literatura para membranas de PEI es de aproximadamente 550 °C. Se observa también en el diagrama de TGA un escalón correspondiente a una pérdida de peso del 10 %, a aproximadamente 200 °C, que podría atribuirse a un proceso de desorción de residuos de solventes u otros materiales presentes en el film.

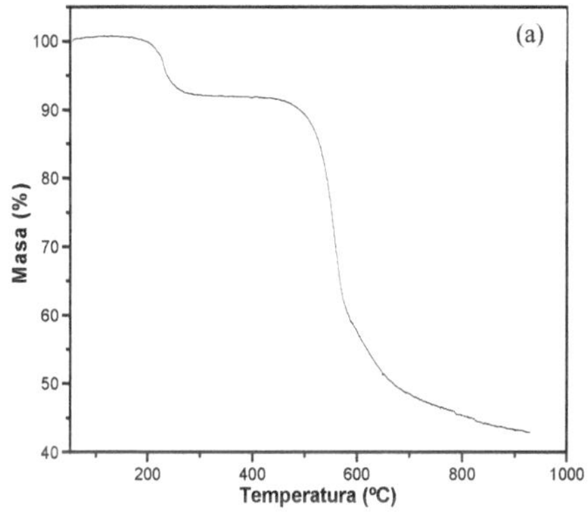

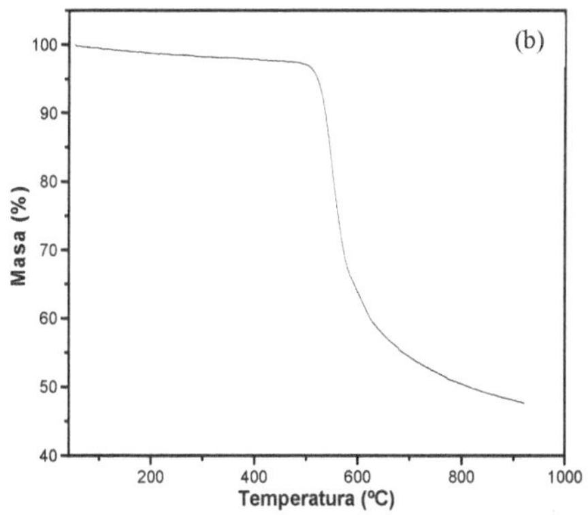

Figura 3.2. Curvas de TGA de membranas de PEI (a) y pellet (b).

Joly y col. [71] prepararon membranas de poliimida y diferentes solventes, bajo distintas condiciones de secado de las membranas. Los autores observaron una pérdida de peso a aproximadamente 300ºC atribuida a la remoción de solvente residual, siendo menor la pérdida de peso en las membranas con mayor tiempo de tratamiento térmico de secado. Por otra parte, el porcentaje de solvente residual depende directamente del punto de ebullición del solvente, siendo por ejemplo, menor el porcentaje de diclorometano que el de NMP, cuyas temperaturas de ebullición son de 40ºC y 197ºC respectivamente. Sin embargo los autores resaltan el hecho de que independientemente del solvente, todas las membranas experimentaron una pérdida de peso a la misma temperatura (300ºC), la cual es muy próxima a la Tg del polímero. Esta hipótesis fue confirmada realizando el termograma de una membrana de polieterimida preparada empleando NMP, cuya Tg es de 215ºC, observándose una pérdida de peso a los 200ºC. A través de estos resultados es posible explicar el comportamiento térmico presentado por nuestras membranas de PEI. Además de la evidencia presentada por Joly y col., la pérdida de peso atribuida a la eliminación de solvente a 200ºC es en nuestro caso confirmada por el termograma del pellet de PEI (Fig. 2b), en el cual sólo se observa la pérdida de peso correspondiente a la temperatura de degradación del polímero.

Similarmente, Clémenson y col. [74] observaron una pérdida de peso de 3.5% entre 140 y 200ºC para membranas de polieterimida, asignando la misma a la eliminación de agua y solvente residual (cloruro de metileno) contenido en el film precursor. Una pérdida de peso mayor fue observada a 500ºC, la cual se relaciona a la degradación del polímero.

3.1.4 Microscopia Electrónica de Barrido (MEB)

En la Fig. 3.3 se muestran imágenes de la sección transversal de las membranas sintetizadas, con un aumento de 5000 veces y una resolución de 5 μm. Se observa que tanto al utilizar NMP (Fig. 3.3a) como la mezcla de diclorometano y cloroformo

(Fig. 3.3b) como solventes, se obtuvieron membranas con morfología densa, la cual es adecuada para la aplicación de las membranas en separación de gases.

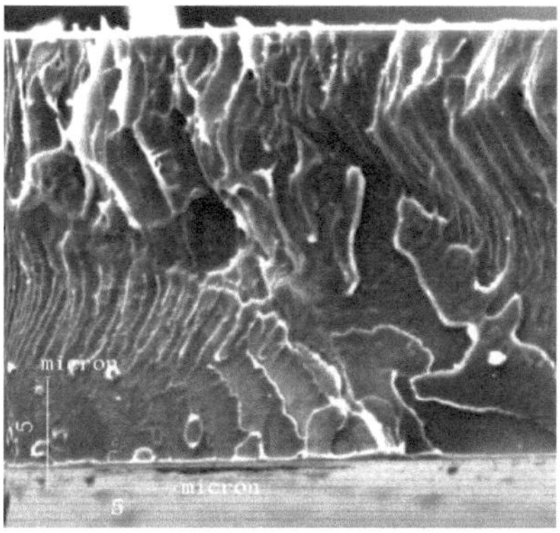

(a)

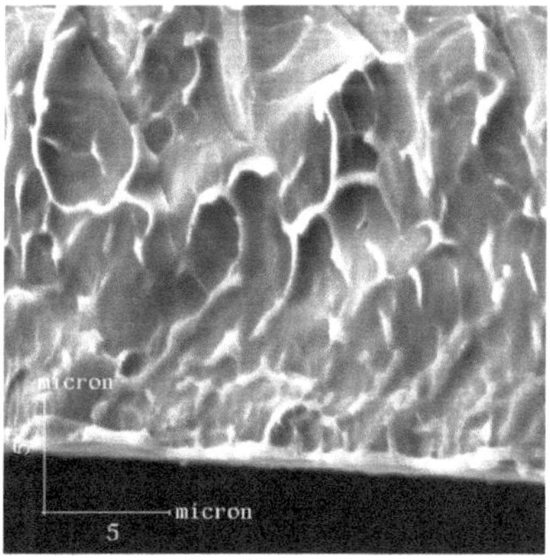

(b)

Figura 3.3. Imágenes de MEB de la sección transversal de membranas de ULTEM preparadas con NMP (a) y con una mezcla de diclorometano y cloroformo (b).

3.1.5 Espectroscopía de Infrarrojo (FTIR)

El espectro de IR de la polieterimida, cuya estructura química se muestra en la Fig. 3.1, se presenta en la Fig. 3.4. En el mismo pueden observarse las bandas características de los distintos grupos funcionales.

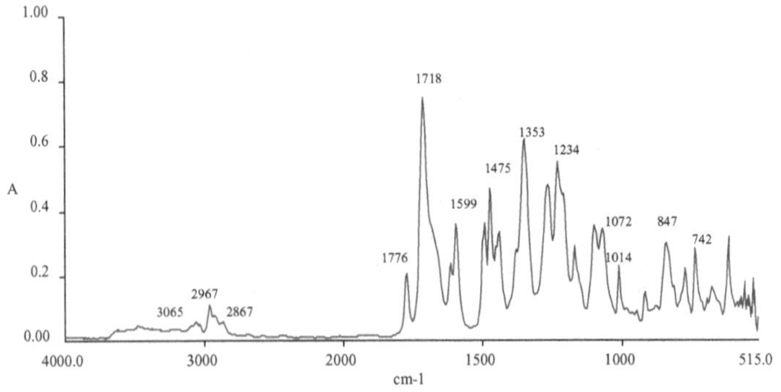

Figura 3.4. Espectro HATR-FTIR de la membrana de PEI pura.

Asimismo en la Tabla 3.1 se resumen las principales bandas de absorbancia presentes en el espectro de infrarrojo y su correspondiente asignación [75].

Tabla 3.1. Asignación de bandas de PEI Ultem 1000.

Posición Banda (cm^{-1})	Grupo funcional	Asignación
3065	Anillo aromático	Estiramiento C-H
2967, 2929, 2867	Grupo metilo	Estiramiento C-H
1776, 1718	Grupos carbonilo en anillos de ftalimida	Estiramiento asimétrico y simétrico de C=O
1599	Anillo aromático	Estiramiento C=C
1475	Anillo aromático	Estiramiento C-H
1353	Anillo de ftalimida	Estiramiento C-N
1268, 1234, 1072, 1014	Éter aromático	Estiramiento Ar-O-Ar
847	Anillo aromático	Deformación del anillo
742	Ftalimida	Bending de Ftalimida

De las bandas tabuladas, las correspondientes a las vibraciones de estiramiento asimétrico y simétrico del grupo carbonilo (1776 y 1718 cm^{-1}), las vibraciones de estiramiento del enlace C-N en los anillos de la ftalimida a 1353 cm^{-1}, así como las vibraciones de estiramiento de los enlaces aril-éter (1268, 1234, 1072 y 1014 cm^{-1}) son de fuerte intensidad.

De las bandas observadas, presentan especial interés en este trabajo las dos últimas mencionadas (1072 y 1014 cm^{-1}), ya que las mismas se encuentran presentes en la región donde aparecen las bandas características del relleno inorgánico a incorporar en las membranas híbridas.

3.1.6 Permeación de gases

Se realizaron medidas de permeación de gases a la membrana de PEI pura para poder comparar estos valores con los de las membranas híbridas. En la Tabla 3.2 se presentan las permeabilidades de la membrana de PEI a los distintos gases ensayados, como así también la selectividad ideal o permeoselectividad a determinados pares de gases.

Estos datos serán utilizados para analizar el efecto de la sílice incorporada en las membranas híbridas (capítulos 4 y 5).

Tabla 3.2. Permeabilidades (Barrer) de la membranas de PEI pura.

MEMBRANA	P_{H2}	P_{N2}	P_{O2}	P_{CH4}	P_{CO2}	$\alpha_{CO2/CH4}$	$\alpha_{O2/N2}$
PEI	6.90	0.052	0.38	0.029	1.56	53.83	7.31

3.2 Sílice

3.2.1 Estructura

Dos tipos de sílice comerciales fueron empleadas como rellenos inorgánicos de las membranas, CAB-O-SIL M5 y CAB-O-SIL TS530, ambas de Cabot Corporation.

CAB-O-SIL M5 es una sílice sintética amorfa sin tratamiento superficial, que posee características muy interesantes como un tamaño de partículas extremadamente pequeño y una gran área superficial. Su aspecto es el de un polvo muy fino de color blanco.

CAB-O-SIL TS 530 es una sílice que ha sido modificada superficialmente realizando un tratamiento con bis-trimetilsilil-amina, con el objetivo de reemplazar algunos grupos hidroxilo de la superficie. De este modo se obtiene una sílice con una mayor hidrofobicidad cuya superficie se encuentra parcialmente cubierta por grupos trimetilsilano. En la Fig. 3.5 se muestra esquemáticamente la estructura de esta sílice.

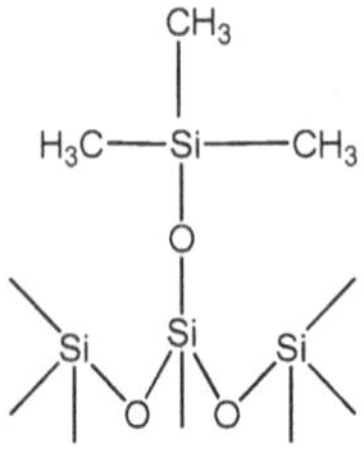

Figura 3.5. Representación de la estructura de CAB-O-SIL TS 530.

3.2.2 Determinación de superficie específica y propiedades de textura superficial de las sílices empleadas

La sílice es un material de gran interés en diversas tecnologías. Su extenso campo de aplicación se debe a su gran estabilidad y fortaleza mecánica y a sus propiedades superficiales definidas más específicamente por los grupos hidroxilos que posee sobre su superficie.

Las sílices pueden exhibir áreas superficiales que varían desde unos pocos metros cuadrados (5 m^2/g) a más de 1000 m^2/g, como en el caso de las sílices meso-estructuradas. En las sílices porosas más del 97% de esta superficie se encuentra en el interior de los poros, mientras que en las sílices no porosas las áreas superficiales relativamente grandes se deben al pequeño tamaño de partículas. Este último constituye el caso de las sílices empleadas en esta tesis.

En la siguiente Tabla se reportan el tamaño de partículas y la densidad de ambos sólidos inorgánicos empleados, según datos del proveedor [62]:

Tabla 3.3. Características de las sílices empleadas

Tipo de sílice	**Grupos superficiales**	**Tamaño de partículas (nm)**	**Densidad (g/cm^3)**
M5	-OH	14	2,2
TS-530	$-Si(CH_3)_3$	13	2,2

La determinación de la **superficie específica** se realizó volumétricamente en un sortómetro automático, a partir del método BET.

La expresión linealizada de la isoterma BET puede escribirse de la siguiente forma:

$$\frac{P}{V.(P_o-P)} = \frac{1}{V_m.C} + \frac{(C-1)}{V_m.C}\frac{P}{P_0} \qquad (3.1)$$

Donde V es el volumen adsorbido a una determinada presión P, P_0 es la presión de saturación del gas, C una constante que depende del calor de adsorción y del calor de licuefacción del adsorbato (N_2) y V_m es el volumen que ocupa la capa monomolecular. El parámetro V_m permite calcular el área superficial del adsorbente conociendo el área efectiva que ocupa cada molécula de adsorbato. V_m se obtiene representando el primer miembro de la ecuación $P/(V.(P_0-P)$ versus P/P_0, de donde:

$$V_m = \frac{1}{pendiente+ordenada} \qquad (3.2)$$

Finalmente se calcula la superficie específica como:

$$S = \frac{V_m.N.a}{22{,}415.10^3.w} \qquad (3.3)$$

Donde:

N = número de Avogadro

a = área de la sección transversal de la molécula e gas adsorbida (N_2)

w = masa de la muestra

En la Tabla 3.4 se presentan, a modo de ejemplo, los datos experimentales determinados para la sílice TS-530 para el rango de presiones relativas en las cuales son aplicables las hipótesis del método. Los mismos se representan en la Fig. 3.6.

Tabla 3.4. Datos experimentales de adsorción de N_2 en TS-530.

P/P_0	V_{ads} (cm^3/g)	$(P/P_0)/(V*(1-P/P_0))$
0.054466	35.8226	0.0016
0.071742	39.2768	0.0020
0.099233	44.122	0.0025
0.124153	48.0451	0.0030
0.149041	51.6703	0.0034
0.198753	58.2402	0.0043
0.249183	64.2855	0.0052
0.300806	70.0794	0.0061
0.350172	75.4101	0.0071

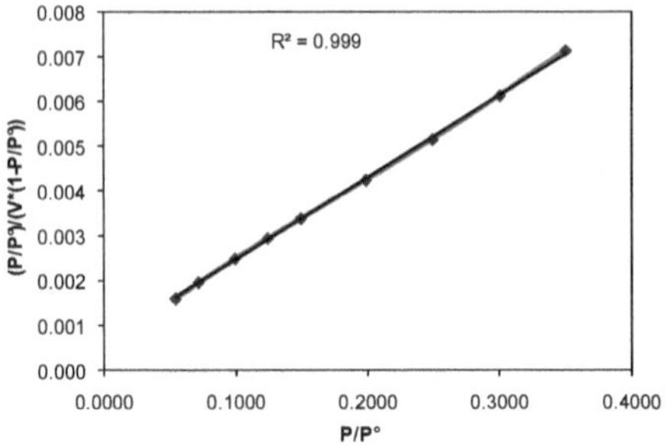

Figura 3.6. Representación de la ecuación de BET linealizada para TS-530.

Las superficies específicas calculadas por el método BET fueron:

- TS-530: $\boldsymbol{S = 228.59\ m^2/g}$.
- M5: $\boldsymbol{S = 204.27\ m^2/g}$.

Ambos sólidos presentan isotermas de adsorción del tipo II, características de la adsorción física en multicapas, las cuales se muestran en la Fig. 3.7, a la temperatura de ebullición del N_2 líquido a presión atmosférica (aprox. 0.868 atm) en la ciudad de Salta.

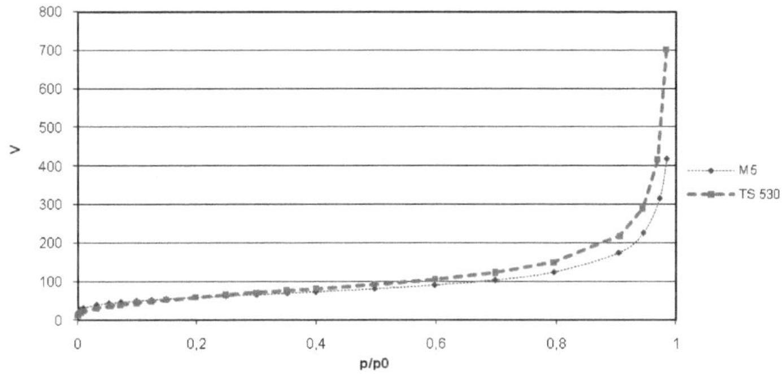

Figura 3.7. Isotermas de adsorción de N_2 de M5 y TS-530

El valor de los volúmenes de poros arrojados por la técnica, que corresponden al volumen de huecos o espacios entre partículas en este caso en particular, es de 0,19 y 0,15 cm^3/g para TS- 530 y M5 respectivamente. La elevada superficie específica de ambos sólidos puede atribuirse al pequeño tamaño de partículas, siendo las mismas no porosas. Esto puede corroborarse a través de la observación de la densidad de ambas sílices, que presentan un valor elevado si se compara con la del cuarzo compacto (2,65 g/cm^3), y muy superiores a las de las sílices altamente porosas, que presentan valores de densidad inferiores a la unidad.

En la Fig. 3.8 se presenta la distribución de espacios interparticulares, observándose una distribución uniforme en ambos casos, sugiriendo la existencia de un tamaño uniforme de partículas, que generan espacios entre las mismas de idéntica magnitud. La distribución es más ancha en TS-530 como consecuencia de la presencia de grupos trimetil silano superficiales, más voluminosos que los grupos hidroxilo.

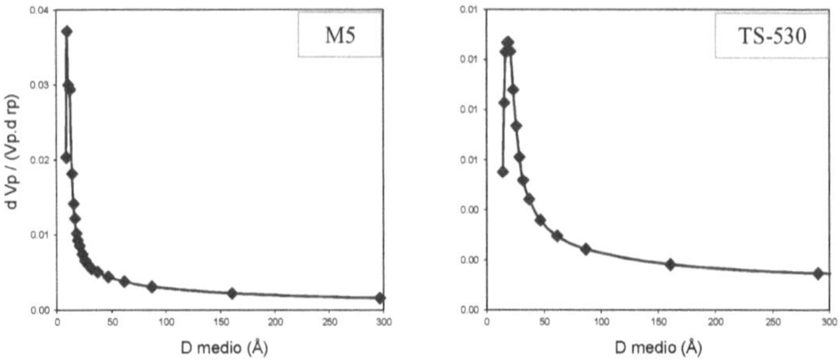

Figura 3.8. Distribución de espacios entre partículas. Método BJH.

Si se comparan los máximos de las curvas: 9,7 Å (~ 1nm) en M5 y 19,1 Å (~ 1,9 nm) en TS-530 con el tamaño de las partículas reportado en la Tabla 2, resulta lógico concluir que los volúmenes de espacios libres y sus respectivos diámetros arrojados por la técnica corresponden a espacios entre partículas, siendo las mismas no porosas.

3.2.3 Espectroscopía de Infrarrojo (FTIR)

La Fig. 3.9 muestra el espectro de infrarrojo de ambas sílices en la zona de longitudes de onda de 4000 - 400 cm^{-1}.

El espectro de M5 se caracteriza por banda ancha a 3438 cm^{-1} que se asigna a las vibraciones de estiramiento O-H de grupos hidroxilo superficiales que interactúan con moléculas de agua fisisorbida. Estas últimas presentan también una banda, correspondiente al modo de deformación (δ (H_2O)), con máximo a 1634 cm^{-1}. Se observa también un pico intenso, característico de este sólido inorgánico, a 1111 cm^{-1}, con un hombro al lado de altas frecuencias del pico principal a aproximadamente 1200 cm^{-1}, atribuido a las vibraciones de estiramiento asimétrico de los enlaces Si-O-Si (ν_{as} (Si-O-Si)). Una banda débil a 975 cm^{-1} se atribuye a las vibraciones del enlace Si-OH (ν (Si-OH)). Finalmente, puede verse una banda a 809 cm^{-1} cuyo origen se atribuye a las vibraciones de estiramiento simétrico del enlace Si-O-Si (ν_s (Si-O-Si)), de grupos siloxano. El modo de deformación del mismo enlace (δ (Si-O-Si)) presenta una banda a 473 cm^{-1} [76].

El espectro correspondiente a TS-530 presenta un aspecto similar, observándose la presencia de bandas muy débiles alrededor de 2900 cm^{-1}, atribuidas a las vibraciones de estiramiento C-H de los grupos metilo, pertenecientes a los grupos trimetilsilano superficiales.

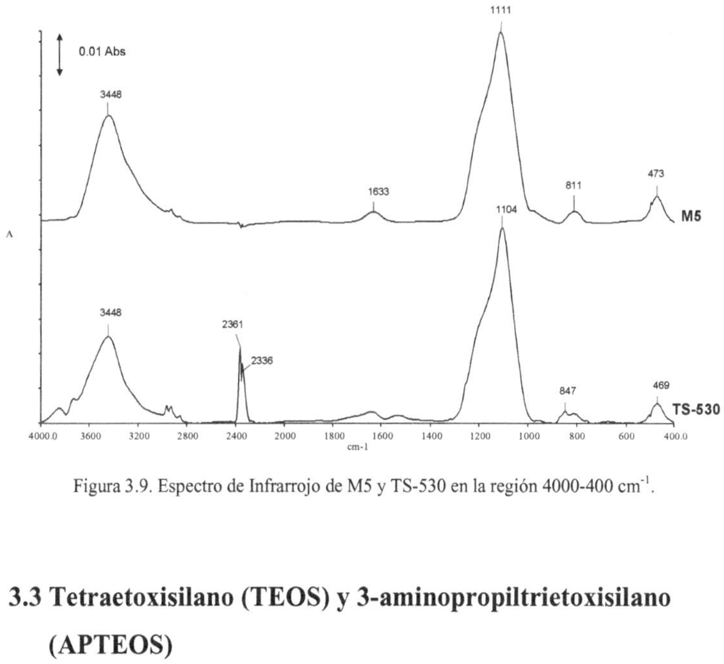

Figura 3.9. Espectro de Infrarrojo de M5 y TS-530 en la región 4000-400 cm^{-1}.

3.3 Tetraetoxisilano (TEOS) y 3-aminopropiltrietoxisilano (APTEOS)

3.3.1 Estructura

En la Fig.3.10 se muestran las estructuras del alcóxido de silicio utilizado como precursor de la sílice, el tetraetoxisilano (TEOS) y la del agente de acoplamiento, 3-aminopropiltrietoxisilano (APTEOS).

La molécula de TEOS consiste en cuatro grupos etilo enlazados a un ión SiO_4^{4-}, denominado ortosilicato. Alternativamente TEOS puede ser considerado como un ester etílico del ácido ortosilícico $Si(OH)_4$. TEOS constituye una molécula tetrahédrica. Se emplea en esta tesis para generar sílice a partir de las reacciones de hidrólisis y condensación tradicionales.

APTEOS es un silano bifuncional, que posee un grupo reactivo primario amino y grupos etoxisilil hidrolizables. La naturaleza dual de su reactividad permite a este compuesto unirse químicamente tanto a materiales inorgánicos (e.j.: vidrio, metales) como a polímeros orgánicos (e.j.: termofijos, termoplásticos, elastómeros) funcionando entonces como un promotor de adhesión, reticulante, y/o modificador de superficie. A partir de los grupos alcóxi, es factible producir la hidrólisis que conduce a la obtención un gel de sílice (gelificación), mientras que la presencia del grupo amino, promueve el enlace con el polímero.

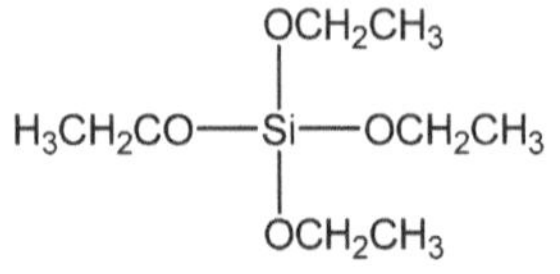

(a)

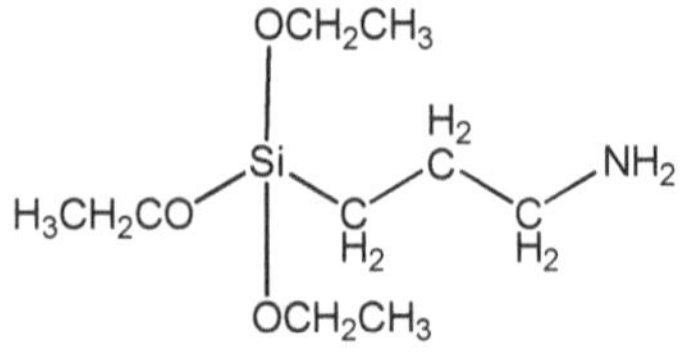

(b)

Figura 3.10. Estructuras de (a) tetraetoxisilano (TEOS) y (b) 3-aminopropiltrietoxisilano (APTEOS).

3.3.2 Propiedades fisicoquímicas

TEOS:

- Formula molecular: $SiC_8H_{20}O_4$.
- Masa molar: 208.33 g.
- Densidad: 0.94 g/cm^3.
- Punto de fusión: -77ºC.

- Punto de ebullición: 166-169ºC.
- Líquido claro, de olor aromático.
- Viscosidad: 0.75 mPa.s a 20°C.
- Es inmiscible con el agua (produciéndose la reacción de hidrólisis) y soluble en etanol.

APTEOS:

- Formula molecular: $H_2N(CH_2)_3Si\ (OC_2H_5)_3$
- Masa molar: 221.37 g.
- Densidad: 0,95 g/cm^3 (20 °C).
- Punto de ebullición: 217 °C (1.013 hPa).
- Es un líquido incoloro a ligeramente ámbar, con olor típico a amina.
- Presenta baja viscosidad (2 mPas a 20 °C).
- Es soluble en alcoholes e hidrocarburos alifáticos o aromáticos. Es completa e inmediatamente soluble en agua (con reacción).

3.3.3 Espectroscopía de Infrarrojo (FTIR)

En las Fig. 3.11 y 3.12 se presentan los espectros de infrarrojo correspondientes a TEOS y APTEOS respectivamente. La asignación de bandas de los espectros se presentan en la Tabla 5, para TEOS, realizada de acuerdo a los trabajos de Wu y col. [77] y Tellez y col. [78]. En la Tabla 6 se presentan las principales bandas del agente de acoplamiento.

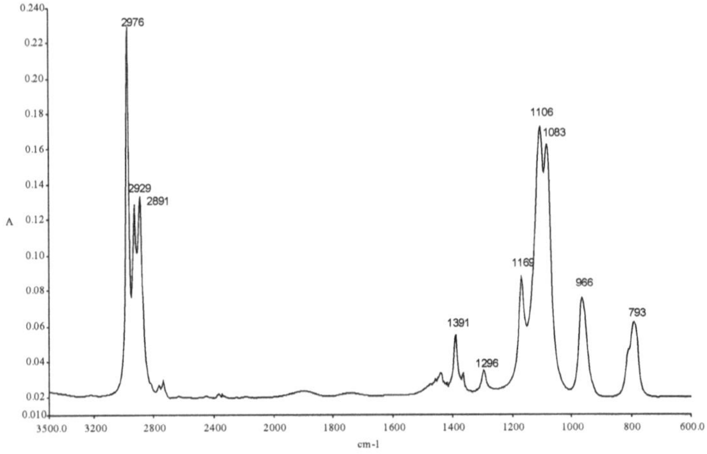

Figura 3.11. Espectro de infrarrojo de TEOS.

Tabla 3.5. Asignación de bandas fundamentales de absorción IR de TEOS.

Posición de la banda (cm^{-1})	Asignación
2977	ν_a C-H en CH_3
2930	ν_a C-H en CH_2
2891	ν_s C-H en CH_3
1391	δ_s en CH_3 y CH_2
1170	Si-O-Si rocking
1106	ν_a Si-O-C
1083	ν_s Si-O-C
966	CH_3 rocking
794	SiO_4

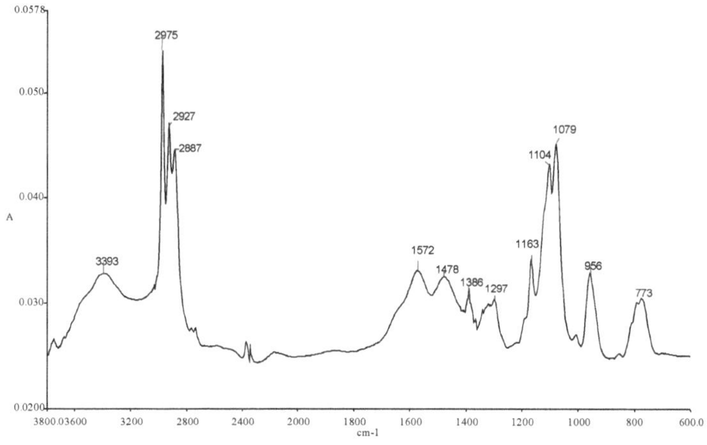

Figura 3.12. Espectro de infrarrojo de APTEOS.

Tabla 3.6. Asignación de bandas fundamentales de absorción IR de APTEOS.

Posición de la banda (cm^{-1})	Enlace
3376, 3300	N-H
2972, 2925	C-H
1442-1596	C=C
1390	C-N
1103, 1078	Si-O-Si

3.4 Conclusiones

En este capítulo fueron expuestas las propiedades de los materiales precursores como así también los resultados de las caracterizaciones de los mismos. Estos resultados son muy importantes para poder realizar luego el análisis del efecto de los rellenos incorporados en las propiedades de las membranas híbridas.

Los resultados obtenidos permiten llegar a las siguientes conclusiones:

Polieterimida:

- La temperatura de transición vítrea de las membranas de PEI fue de 211ºC.
- Las temperaturas de degradación térmica (T_d) fue de 558 ºC.
- Las micrografías de MEB mostraron una morfología totalmente densa para éstas membranas.
- Se observaron por FTIR las bandas características de los distintos grupos funcionales que la constituyen. Los mismos servirán para comparar y analizar los espectros de las membranas híbridas.
- Las medidas de permeabilidad a los distintos gases servirán de referencia para determinar el efecto del relleno en la permeabilidad de las membranas híbridas.

Sílice:

- La determinación de la superficie específica se realizó volumétricamente en un sortómetro automático, a partir del método BET. Las superficies específicas fueron de 228,59 m^2/g y 204,27 m^2/g, para TS-530 y M5 respectivamente.
- El valor de los volúmenes de poros arrojados por la técnica, que corresponden al volumen de huecos entre partículas en este caso en particular, es de 0,19 y 0,15 cm^3/g para TS- 530 y M5 respectivamente.
- Por FTIR se identificaron las principales bandas de absorción de sílice para tener como patrones de comparación luego de incorporar estos rellenos en las membranas.

Tetraetoxisilano (TEOS) y Aminopropiltrietoxisilano (APTEOS):

- El conocimiento de las propiedades fisicoquímicas, fundamentalmente la solubilidad, y la reactividad de ambos compuestos químicos (silano y organosilano) permiten la utilización adecuada de los mismos en la síntesis de las membranas híbridas.

Capitulo 4: Membranas híbridas preparadas por dispersión

En este capítulo se presentan los resultados de las caracterizaciones realizadas a las membranas híbridas preparadas con sílices comerciales, con diferentes características superficiales. La incorporación de las mismas fue por dispersión de partículas sólidas del relleno en la solución polimérica, con agitación permanente, de acuerdo a lo descripto en el capítulo 2 inciso 2.1.2. Las diversas propiedades de las membranas evaluadas a través de las técnicas de caracterización se comparan con las de la membrana polimérica pura.

4.1 Propiedades térmicas

4.1.1 Calorimetría Diferencial de Barrido (DSC)

Diversos trabajos fueron reportados en la literatura, en los cuales el efecto provocado por la adición de partículas de tamaño nanométrico en matrices poliméricas se evidenció por un cambio en la Tg del polímero [79]. Dependiendo de la interacción que se produzca entre las partículas y el polímero fueron reportados tanto aumentos como disminuciones en la Tg del mismo, atribuyendo esas diferencias a las propiedades de adhesión en la interfase. Es importante mencionar que en muchos de los ejemplos citados en la literatura solo fueron observados modestos cambios en la Tg del polímero, menores a 10°C, los cuales se corresponden con la incorporación de bajas cantidades de nanopartículas, menores al 10 % en peso.

En el caso particular de la utilización de PEI como matriz pueden citarse trabajos como los de Liu y col. [80] y Kumar y col. [73] que incorporan como rellenos nanotubos de carbón. En estos trabajos se reportan aumentos en la Tg del polímero. Estos aumentos son atribuidos a un efecto de inmovilización de las cadenas poliméricas provocado por los nanotubos de carbón a elevadas temperaturas. Además, en la región de transición vítrea esas fibras rígidas actúan como una barrera contra el flujo viscoso de las cadenas poliméricas.

En la Tabla 4.1 se presentan las temperaturas de transición vítrea de las membranas híbridas preparadas con ambos tipos de sílice TS-530 (denominadas como TX) y M5 (denominadas como MX, donde X indica el contenido de sílice), como así también la Tg correspondiente a la membrana polimérica sin relleno. Se observa de estos resultados que al agregar las nanopartículas a la matriz polimérica no existe prácticamente modificación de la Tg. Si la movilidad de las cadenas del polímero estuviera restringida por la presencia de las nanopartículas de sílice se esperaría que ocurriera un aumento en la Tg y que este fuera aún mayor al agregar mayores cantidades. Sin embargo en este caso se observa una constancia en las temperaturas de transición vítrea, si se la compara con aquella correspondiente a la membrana de PEI pura, lo cual indicaría que las interacciones entre polímero y relleno son débiles, motivo por el cual se pueden formar cavidades en las regiones de la interfase que rodea las partículas, esperándose que el efecto provocado en la Tg sea una disminución y/o constancia de la misma [81-82].

Tabla 4.1. Temperatura de transición vítrea de las membranas híbridas con diferentes sílices.

Membrana	Sílice (% masa)	Tg (°C)
PEI	-	211
PEI–T5	5	213
PEI–T10	10	213
PEI–T20	20	212
PEI-M5	5	211
PEI-M10	10	212

Resultados similares fueron reportados en otros trabajos. Takahashi y Paul [47] sintetizaron membranas nanocompuestas formadas por polieterimida, a la cual se le incorporaron tres tipos de sílice disponibles comercialmente, que tienen distintas características superficiales. Las membranas fueron preparadas tanto por solución-evaporación como por procesamiento por extrusión. Los contenidos de sílice agregados se modificaron en el rango entre 10 y 30 % en peso. La Tg de las membranas compuestas no se vio prácticamente modificada por la incorporación del relleno, y las variaciones observadas fueron tan solo de un grado centígrado comparado con la membrana polimérica pura, comportamiento similar al observado por las membranas preparadas por dispersión en esta tesis.

Ahn y col. [16] prepararon membranas híbridas incorporando sílice (TS-530) en una matriz polimérica de polisulfona. Se observaron aumentos en la Tg del polímero, para un agregado del 20 % en peso de sílice; el aumento en la Tg fue de 5 grados centígrados. Este aumento refleja un cambio en la movilidad segmental de las cadenas poliméricas, como así también evidencia un aumento en la rigidez del polímero producida debido a las tensiones que se generan en la interfase entre el polímero y la sílice durante la formación de la membrana.

Vu y col. [10] incorporaron tamices moleculares de carbón (CMS) en dos matrices poliméricas, una poliimida (Matrimid) y una polieterimida (Ultem 1000). Los CMS fueron generados por la pirólisis de Matrimid. Los autores reportan que la presencia de la fase dispersa (CMS) puede afectar propiedades fundamentales del polímero (matriz continua), como la Tg, cuando existe una buena adhesión a nivel segmental entre las dos fases. La adhesión entre los tamices y el polímero puede deberse a fuertes fuerzas atractivas de adsorción. En el caso de utilizar Ultem como polímero se observaron variaciones en la Tg del mismo de 209°C para el polímero puro a 215 °C para un 35 % en volumen de tamices agregados. Es decir que solo hubo un gradual o leve aumento en la Tg de 2 a 5°C con el incremento de la cantidad de relleno agregado, lo cual demuestra que no hubo un incremento de la rigidez significativo de las cadenas poliméricas.

4.1.2 Análisis Termogravimétrico (TGA)

En las Fig. 4.1 y 4.2 se presentan las curvas de TGA obtenidas para las membranas con TS-530 y M5 respectivamente. Nuevamente, al igual que cuando fueron analizados los termogramas de la membrana polimérica pura, se observa una pérdida de peso cercana a los 200°C en los termogramas de las membranas con sílice, la cual es atribuida a la pérdida de solvente residual, como fuera expuesto en el capítulo 3.

Las temperaturas de degradación térmica se reportan en la Tabla 4.2. De los valores obtenidos experimentalmente se observa, en términos generales, una disminución de la temperatura de descomposición en el caso de TS-530. Mientras que, para las membranas preparadas empleando M5, la temperatura de degradación presenta valores similares a los de la PEI pura.

En general se esperaría una mejora de la estabilidad térmica de la membrana por la incorporación de estos rellenos inorgánicos a la misma, basándose en el hecho de que éstos materiales poseen una elevada estabilidad térmica. Nuevamente, la ausencia de este comportamiento puede atribuirse a la existencia de espacios interfaciales, siendo éstos mayores en el caso de la sílice TS-530, como consecuencia del mayor volumen que ocupan los grupos trimetilsilano.

El análisis del residuo obtenido a temperaturas superiores a 800 °C, no permitió encontrar una vinculación con la cantidad o tipo de sílice adicionada.

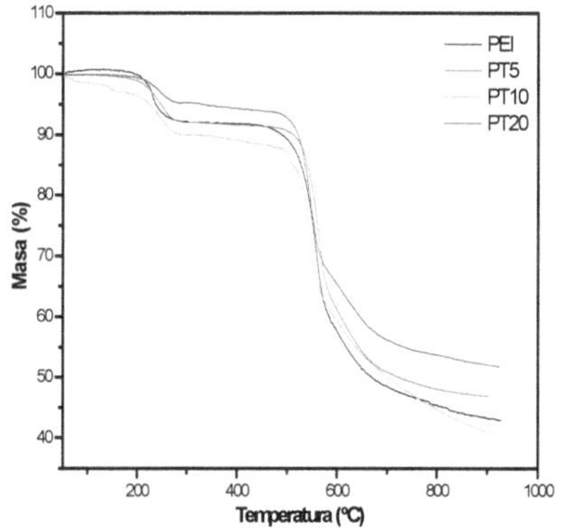

Figura 4.1. Curvas de TGA de membranas de PEI pura (PEI), e híbridas con 5% (PT5), 10% (PT10) y 20% (PT20) de TS-530.

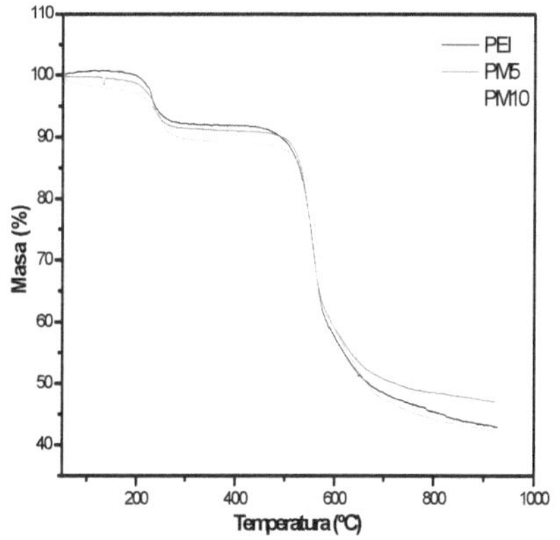

Figura 4.2. Curvas de TGA de membranas de PEI pura (PEI), e híbridas con 5% (PM5) y 10% (PM10) de M5.

Tabla 4.2. Temperatura de degradación de las membranas híbridas con diferentes sílices.

Membrana	Sílice (% masa)	T_d (°C)
PEI	-	558
PEI–T5	5	563
PEI–T10	10	549
PEI–T20	20	544
PEI-M5	5	558
PEI-M10	10	556

En cuanto a la incorporación de rellenos en matrices de PEI, Goh y col. [83] incorporaron nanotubos de carbón, los cuales fueron previamente tratados con surfactantes con diferentes cargas, para mejorar la adhesión interfacial con el polímero. La temperatura de descomposición en todas las muestras comenzó aproximadamente a los 550°C, observando un leve aumento en ésta temperatura en las membranas con los nanotubos. El aumento fue dependiente del tipo de surfactante utilizado siendo el incremento entre 3 y 9°C. Este aumento en la estabilidad térmica fue atribuido a la mayor resistencia al calor provocado por el relleno y a la barrera que oponen al transporte de materia de sustancias volátiles.

Kumar y col. [73] introdujeron nanofibras de carbón en una matriz de PEI. Observaron una disminución en la estabilidad térmica de las membranas al introducir las nanofibras. Para el máximo contenido de relleno (3 partes por cien de polímero) la disminución en la temperatura fue de 30°C. Sin embargo, los autores reportan que si bien disminuye la estabilidad térmica de las membranas compuestas, la termoestabilidad de las mismas se mantiene hasta aproximadamente los 500°C, por lo cual se puede decir que la performance de estas membranas es aceptable para muchas aplicaciones que tienen requerimientos de resistencia térmica. Basándonos en este hecho, las membranas híbridas estudidas en esta tesis presentan todas una temperatura de degradación superior a los 544°C, por lo cual se puede decir que presentan una buena resistencia térmica.

4.2 Microscopía Electrónica de Barrido (MEB)

Tipo de relleno

En la Fig. 4.3 se presentan las imágenes de microscopía electrónica de barrido de la sección transversal de las membranas. Se observa en las mismas que las membranas de PEI pura presentan una morfología densa. Por otra parte, las membranas híbridas formadas con los dos tipos de sílice presentan una modificación en la morfología, observándose que las partículas de sílice no se encuentran aisladas o dispersas individualmente en la matriz, sino asociadas entre sí.

Así, en la estructura interna de las membranas híbridas las partículas de sílice se encuentran conformando aglomerados, en los cuales las mismas se enlazan presentando el aspecto de "cadenas", según se reporta en la literatura [47,84].

Si bien la distancia entre las partículas debería disminuir al aumentar la carga de relleno en la matriz, el espacio que se crea entre los agregados de partículas aumenta al incrementarse la concentración de sílice en la membrana. Esto genera un volumen de "huecos" o espacios adicionales al volumen libre del polímero, lo cual puede afectar las propiedades de permeación de las membranas [84].

En las Fig. 4.4 y 4.5 se muestran las imágenes de MEB superficiales de las membranas, donde también se observan los agregados de sílice, los cuales aumentan con el contenido de relleno en las membranas.

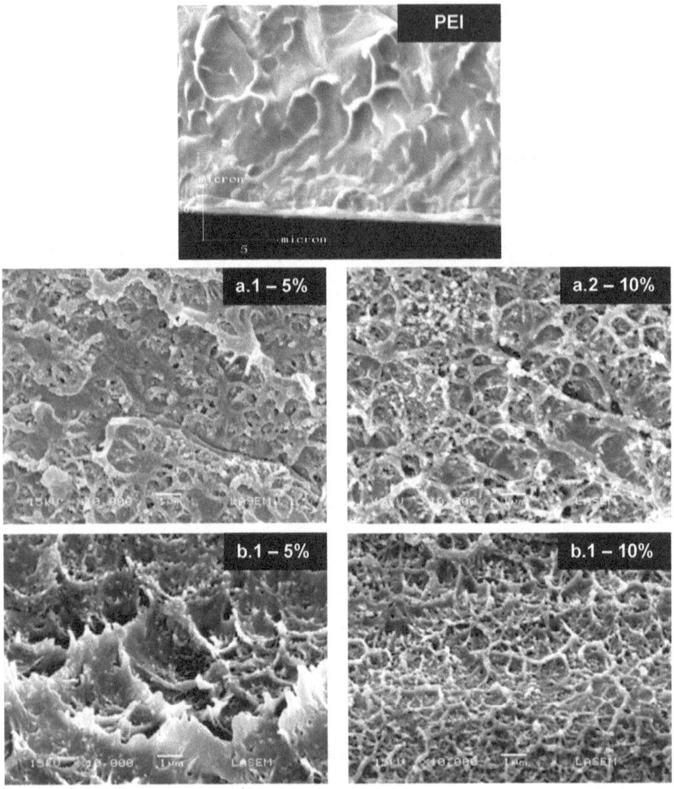

Figura 4.3. Imágenes de MEB de la sección transversal de membranas de ULTEM y membranas híbridas conteniendo TS-530 (a) y M5 (b).

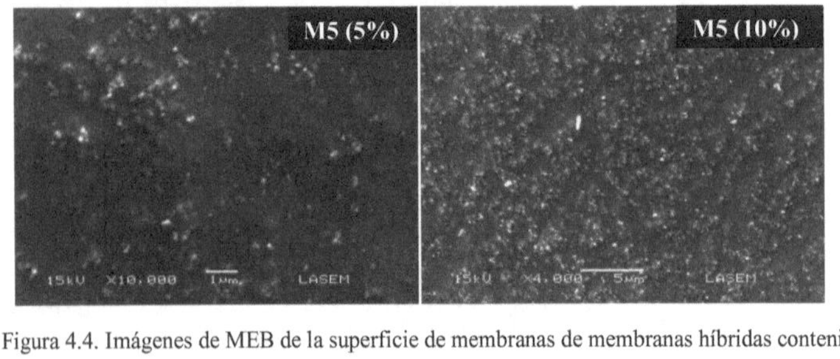

Figura 4.4. Imágenes de MEB de la superficie de membranas de membranas híbridas conteniendo M5 (5 y 10 %).

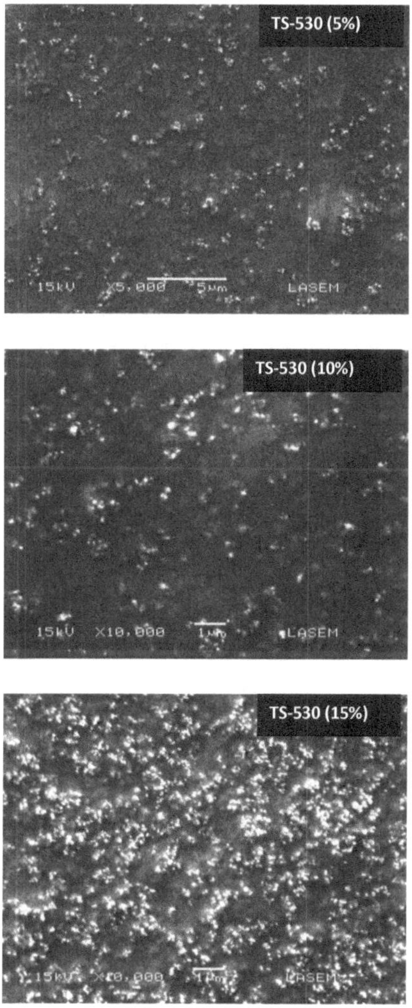

Figura 4.5. Imágenes de MEB de la superficie de membranas híbridas conteniendo TS-530 (5, 10 y 15%).

Agregado del agente de acoplamiento

Se investigó el agregado de un agente de acoplamiento (APTEOS) que conduzca a una mejora de la adhesión entre fases. La incorporación se realizó conjuntamente con la sílice, provocando un cambio en la estructura de las membranas, como se observa en las Fig.4.6 y Fig. 4.7.

Puede observarse en ambas figuras que existe un claro efecto del agente de acoplamiento en la morfología de las membranas, al compararlas con la Fig.4.3. La estructura que presentaba el aspecto de cadenas de sílice cambió ahora a la apariencia de aglomerados más pequeños y mejor dispersos en la matriz polimérica.

En la Fig. 4.6 se presentan adicionalmente las imágenes transversales mostrando todo el espesor de las membranas, donde se observa la morfología totalmente densa que presentan las mismas aun para los porcentajes más altos de sílice incorporada.

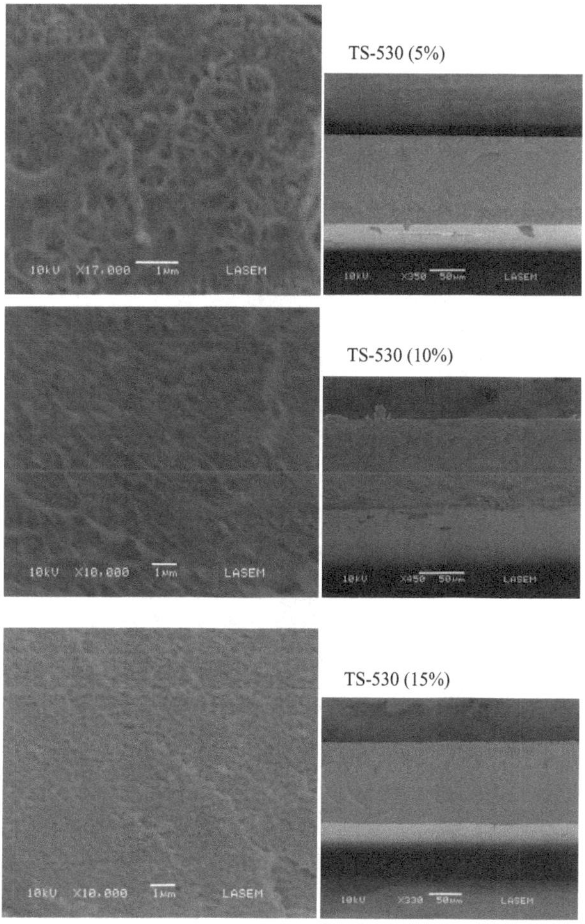

Figura 4.6. Imágenes de la sección transversal de las membranas híbridas con TS-530 y Agente de Acoplamiento.

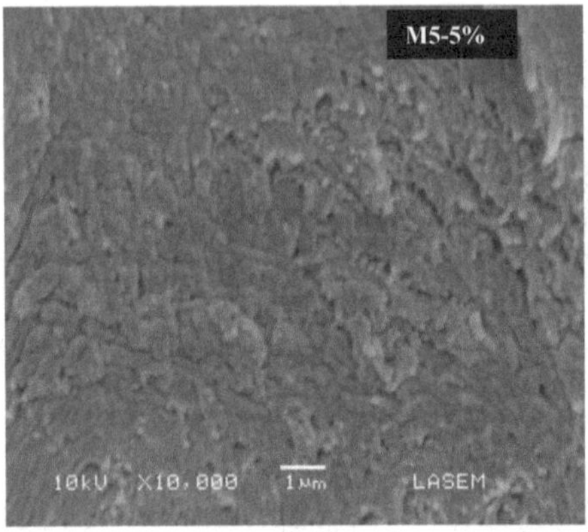

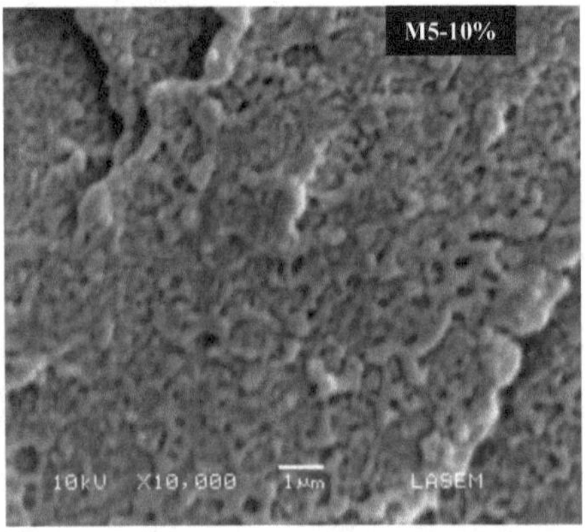

Figura 4.7. Imágenes de la sección transversal de las membranas híbridas con M5 y Agente de Acoplamiento.

4.3 Espectroscopía de Infrarrojo (FTIR)

En las Fig. 4.8 y Fig. 4.9 se presentan los espectros HATR-FTIR de las membranas híbridas, preparadas empleando como relleno TS-530 y M5 respectivamente, en el rango entre 3500 y 550 cm^{-1}, para todos los contenidos de sílice estudiados.

Se observa que los espectros no muestran diferencias apreciables con relación al de la membrana polimérica pura. Puede advertirse la preponderancia de las bandas principales del espectro de PEI pura: estiramiento simétrico de los grupos carbonilo (1718 cm^{-1}), estiramiento C-N del anillo de Ftalimida (1353 cm^{-1}), estiramientos arilo-oxígeno-arilo del éster aromático (1268, 1234, 1072 cm^{-1}) y otras, características del anillo aromático. Por otra parte, no es posible distinguir los estiramientos Si-O-Si de los grupos siloxano, en la región entre 1000 y 1200 cm^{-1}, como consecuencia de la superposición con los del éster aromático, de gran intensidad, como también debido al bajo contenido de relleno.

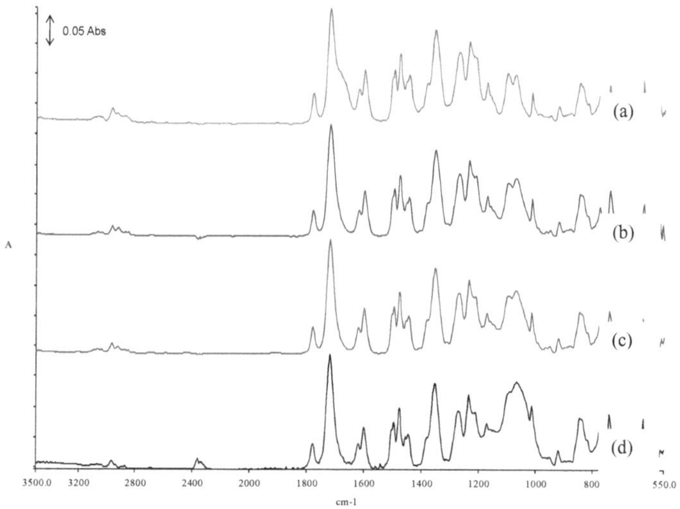

Figura 4.8. Espectro HATR-FTIR de las membranas: a) PEI pura, b) PEI-T5, c) PEI-T10 y d) PEI-T20.

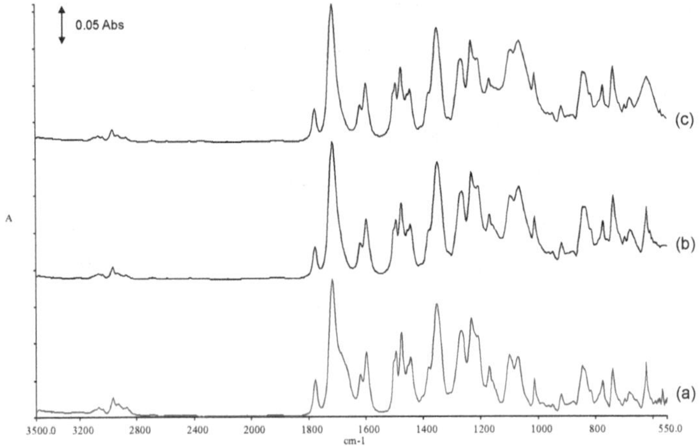

Figura 4.9. Espectro HATR-FTIR de las membranas: a) PEI pura, b) PEI-M5 y c) PEI-M10.

Con el objeto de investigar la presencia de las bandas características de la sílice, se realizaron los espectros diferencia entre los de las membranas híbridas y los de la membrana de PEI pura, que se presentan en la Fig. 4.10 para las membranas con TS-530 y en la Fig. 4.11 para las que contienen M5. Estos espectros permiten analizar las bandas de absorción entre los 1200 y 900 cm^{-1}, debidas a las vibraciones de estiramiento asimétrico de los grupos siloxano (Si-O-Si). Estas bandas han sido previamente identificadas en espectros correspondientes a las sílices puras (Capítulo 3).

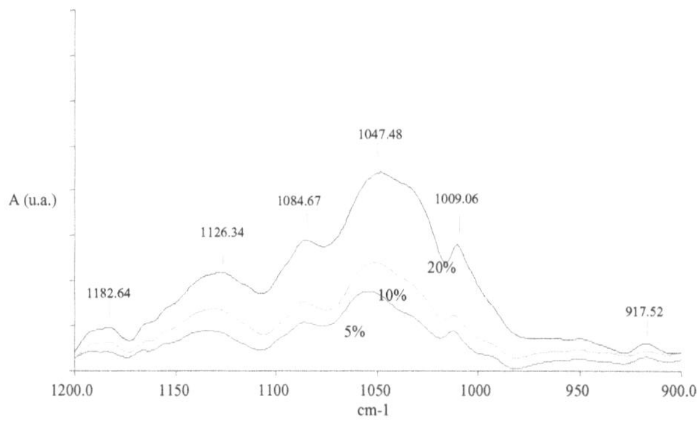

Figura 4.10. Espectro diferencia HATR-FTIR de las membranas híbridas-PEI: a) PEI-T5, b) PEI-T10 y c) PEI-T20.

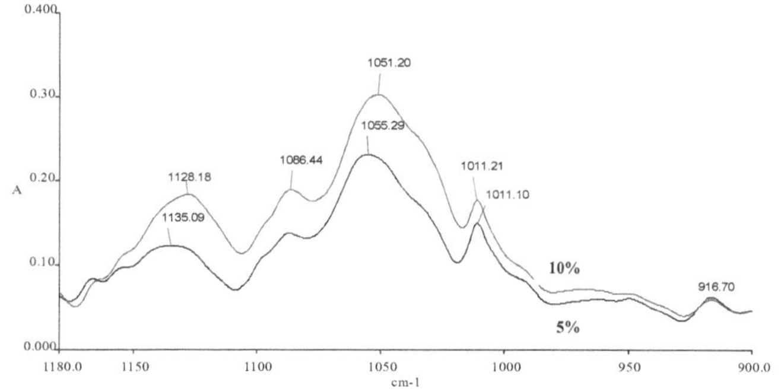

Figura 4.11. Espectro diferencia HATR-FTIR de las membranas híbridas-PEI: a) PEI-M5 y b) PEI-M10.

Se observa la presencia de bandas a 1183, 1126, 1085, 1047, 1009 cm^{-1} y 917 cm^{-1}, cuya intensidad crece al aumentar el contenido del relleno en las membranas. Esto indica que las bandas están directamente relacionadas con la presencia de sílice, caracterizada por la existencia de bandas vinculadas a los grupos siloxano, que presentan diferente tipo de estructura molecular dentro de la red inorgánica, haciendo factible su caracterización a través de la posición de las bandas.

Así, Lenza y Vasconcelos [85] reportaron que las vibraciones de estiramiento asimétricas de los grupos Si-O-Si pueden ser deconvolucionadas, en cuatro picos alrededor de 1160, 1100, 1080 y 1040 cm^{-1}. La banda correspondiente a 1080 cm^{-1} se asigna a unidades de Si-O-Si pertenecientes a estructuras cíclicas. Los otros picos (1040, 1100 y 1160 cm^{-1}) se asignan a vibraciones de estiramiento pertenecientes a estructuras lineales, que poseen menor grado de entrecruzamiento.

Acorde a estos resultados es posible asignar el doblete a 1085 y 1047 cm^{-1} a la presencia de estructuras cíclicas y lineales respectivamente. La banda a 1183 y 1126 cm^{-1} se encontraría también vinculada a la presencia de estructuras lineales, sin descartar su posible relación con las vibraciones de estiramiento asimétrico de enlaces Si-O, en los cuales el oxígeno se encuentra enlazado a átomos de carbono (unidades Si-O-C) [34].

En otros trabajos de investigación, la banda de absorción ubicada a 1009 cm^{-1} fue también asignada a la vibración de estiramiento asimétrico de los grupos Si-O-Si formados por el proceso sol-gel [86-87].

No se observa la presencia de la banda a aproximadamente 950 cm^{-1}, o sólo con muy baja intensidad, asignada a las vibraciones de estiramiento de enlaces Si-OH de grupos silanoles. Se observa en cambio una banda a 917 cm^{-1} atribuida a la formación de enlaces $Si\text{-}O^-$ [85,88], pertenecientes de acuerdo a la literatura a partículas oligoméricas muy pequeñas. La presencia de la misma brinda información sobre el tamaño de las especies de sílice involucradas, que podrían corresponder a *clusters* de un tamaño similar al de partículas con anillos que poseen 6 átomos de silicio (unidades $(SiO)_6$). La presencia de esta banda fue reportada por Lenza y Vasconcelos [85], quienes realizaron la deconvolución de la banda correspondiente a vibraciones de estiramiento de grupos silanoles en dos picos: uno principal a 950 cm^{-1} y otro menor alrededor de los 915 cm^{-1} asociados a enlaces SiO^- libres no puenteados, observados en estudios de la evolución de la estructura de soles de sílice empleando formamida. Los autores encontraron que la última banda mencionada era preponderante en los primeros minutos de reacción, coincidente con la existencia de pequeños oligómeros. Con el transcurso del tiempo se producía la condensación de los oligómeros en partículas de mayor tamaño, con una rápida disminución de la banda de absorción a 915 cm^{-1} y un fuerte incremento del pico correspondiente a las vibraciones de estiramiento Si-OH.

4.4 Permeación de gases

En la Tabla 4.5 se presentan las permeabilidades a N_2 y CO_2 de las membranas sintetizadas, como así también las selectividades CO_2/N_2. Se observa que la permeabilidad de las membranas híbridas aumenta en relación a la de la membrana de PEI, siendo este aumento mayor a medida que se incrementa el contenido del material inorgánico de relleno en la misma, independientemente del tipo de sílice utilizada. La permeabilidad a N_2 de la membrana híbrida conteniendo un 10% de M5 no fue colocada en la Tabla, ya que los valores obtenidos no fueron reproducibles.

Tabla 4.5. Permeabilidades (Barrer) de las membranas de PEI puras y con sílice.

Membrana	Sílice (% masa)	P_{CO2} (Barrer)	P_{N2} (Barrer)	$\alpha_{CO2/N2}$
PEI	-	2,88	0,10	28,8
PEI–T5	5	3,26	0,13	25,3
PEI–T10	10	4,16	0,17	24,5
PEI–T20	20	5,38	0,27	19,2
PEI-M5	5	3,13	0,12	26,2
PEI-M10	10	4,80	-	-

Uno de los objetivos de la síntesis de membranas híbridas es producir un incremento tanto en el flujo como en la selectividad, comportamiento poco habitual en membranas, ya que estos parámetros varían generalmente en forma contrapuesta. En general se esperaría que la permeabilidad de la membrana se reduzca al incorporar este tipo de relleno inorgánico por dispersión, ya que el mismo es no poroso. Ya que estas nanopartículas son impermeables al gas que está difundiendo, éste tendrá que atravesar alrededor de las mismas, aumentando la tortuosidad y disminuyendo la permeabilidad [21,49]. Este comportamiento podría ser observado suponiendo una buena adhesión de los materiales en la interfase formada.

Sin embargo, el gran potencial que tiene el agregado de estos rellenos no porosos a matrices poliméricas, principalmente a polímeros vítreos, es que los mismos pueden modificar el empaquetamiento de las cadenas poliméricas. De este modo se logra un aumento del volumen libre y consecuentemente se alteran las propiedades de permeación de las membranas nanocompuestas. Debido a que estos rellenos inorgánicos son no porosos, se podría decir que la sílice incorporada no contribuye directamente al cambio en las propiedades de transporte, como si lo harían por ejemplo las zeolitas o tamices moleculares de carbón. No obstante, al alterar el empaquetamiento molecular de las cadenas poliméricas se podría lograr un aumento tanto en la permeabilidad como en la selectividad [89].

Diversos trabajos fueron publicados donde se presenta una situación similar a la de las membranas en estudio en esta tesis, donde se observa un aumento en la permeabilidad, pero sin mejoras o en algunos casos con una reducción en la selectividad ideal.

Cong y col. [90] prepararon membranas nanocompuestas de poli(2,6-difenil-1,4-óxido de fenileno) ($BPPO_{dp}$) y sílice. Los autores señalan que en el caso de la obtención de membranas no homogéneas, existía una pobre compatibilidad entre la superficie de la sílice y el polímero. Al no existir un buen contacto, se forman espacios alrededor de las partículas de sílice, por donde las moléculas gaseosas pueden pasar, aumentando de este modo el coeficiente de difusión de las mismas e incrementándose por este motivo la permeabilidad. Sin embargo la selectividad en este caso no fue muy afectada.

Takahashi y Paul [47] observaron aumentos en las permeabilidades de membranas híbridas de polieterimida y sílices comerciales. Sin embargo las selectividades de estas membranas fueron inferiores a los de la membrana polimérica pura. Los autores atribuyen este hecho a la formación de huecos o defectos generados en la interfase sílice-polímero o entre agregados de sílice. Esos espacios generados en la interfase contribuyen al aumento en la permeabilidad, pero los mismos provocan un transporte no selectivo.

En nuestro caso, observamos que las membranas híbridas presentaron aumentos en las permeabilidades a ambos gases, pero la selectividad de las mismas disminuyó en relación a la membrana polimérica sin relleno, lo cual puede deberse como fuera expuesto anteriormente, a la existencia de huecos entre las fases, debido a la pobre adhesión entre ambos dominios orgánico e inorgánico.

Sin embargo, también fueron publicados numerosos trabajos de membranas híbridas con la incorporación de sílice, mostrando mejoras en las propiedades de transporte, tanto en la permeabilidad como en la selectividad [21,32,51,53,91-92]. Por este motivo, además de modificar los tipos de sílice incorporadas, se intentó mejorar el contacto o compatibilidad en la interfase a través de la incorporación de agentes de acoplamiento.

Efecto del agregado de Agente de Acoplamiento

Al incorporar el agente de acoplamiento se observó en las micrografías de MEB que se produjo una modificación en la morfología de las membranas. Las mismas presentaron una estructura más densa y homogénea en todo el espesor de la membrana híbrida.

Se realizó el estudio de permeación de CO_2 y CH_4 a estas membranas para investigar si hubo un cambio en las propiedades de transporte de las mismas a este par de gases de gran importancia industrial. En la Tabla 4.6 se reportan los valores de permeabilidad a CO_2 y CH_4, como así también la selectividad ideal para este par de gases para la membrana de PEI pura e híbridas con un contenido de 10% de sílice con y sin el agregado de agente de acoplamiento. En todos los casos se observan mayores valores de permeabilidad para las membranas con relleno inorgánico. Sin embargo es importante destacar que con el agregado de agente de acoplamiento la permeabilidad de las membranas disminuyó, tanto para la incorporación de TS-530 como de M5. Esto evidencia el cambio en la estructura de las membranas, donde la mejor dispersión o adhesión en la interfase producida por el agente de acoplamiento lleva a una morfología más densa y por lo tanto a una menor permeabilidad.

En cuanto a la selectividad ideal, en todos los casos estos valores fueron inferiores a los de la membrana polimérica pura.

Tabla 4.6. Permeabilidades (Barrer) de las membranas de PEI puras e híbridas con y sin APTEOS.

Membrana	Sílice (% masa)	APTEOS (% masa)	P_{CO_2} (Barrer)	P_{CH_4} (Barrer)	α_{CO_2/CH_4}
PEI	-	-	1.56	0.029	53.8
PEI–T10	10	-	2.82	0.326	8.7
PEI–T10-AA	10	2	2.60	0.113	23.0
PEI-M10	10	-	2.75	0.105	26.2
PEI-M10-AA	10	2	1.77	0.094	18.8

Luego de analizar los resultados de permeación presentados por las membranas híbridas preparadas por dispersión se decidió realizar cambios en cuanto a la incorporación del relleno inorgánico. Se realizó la generación de la sílice a través del proceso sol-gel en la solución polimérica. Esta elección se basó en el hecho de la mayor versatilidad y posibilidad de modificaciones en las variables de síntesis que posee la técnica, como también en el íntimo contacto entre los materiales precursores durante la misma, conduciendo a la formación de membranas híbridas con diferentes propiedades. Estos resultados son presentados en el capítulo 5.

4.5 Conclusiones

- De las medidas de DSC se observó que al agregar las nanopartículas de sílice a la matriz polimérica no existe prácticamente modificación de la T_g.
- Las temperaturas de degradación térmica mostraron que no hay una relación entre el contenido o tipo de sílice adicionada a la membrana y el efecto producido en la temperatura de degradación de la misma. Al analizar el residuo obtenido a temperaturas superiores a 800 °C, tampoco se encontró una relación con la cantidad o tipo de sílice adicionada. Sin embargo, todas las membranas

mostraron T_d superiores a los 544°C mostrando la buena resistencia térmica de las mismas.

- Con MEB se observó que las partículas de sílice no se encuentran aisladas o dispersas individualmente en la matriz, sino que las mismas se enlazan presentando el aspecto de "cadenas". En las micrografías superficiales de las membranas también se observan los agregados de sílice, los cuales aumentan con el contenido de relleno en las membranas.
- El agregado de agente de acoplamiento (APTEOS) conjuntamente con la sílice, provocó un cambio en la estructura de las membranas. La estructura presenta ahora la apariencia de aglomerados más pequeños y mejor dispersos de sílice en la matriz polimérica.
- Se realizaron medidas de permeación utilizando N_2 y CO_2. Se observa que la permeabilidad de las membranas híbridas aumenta con el incremento de contenido del material inorgánico de relleno en la misma, independientemente del tipo de sílice utilizada. Sin embargo, la selectividad de las mismas disminuyó en relación a la membrana polimérica pura.
- En cuanto al efecto del agente de acoplamiento en las propiedades de permeación, se observó una disminución de la permeabilidad a CO_2 y CH_4 de las membranas con 10% de sílice y APTEOS en comparación a la misma membrana sin agente de acoplamiento. Todas las membranas híbridas mostraron mayores valores de permeabilidad a estos gases en relación a la membrana de PEI pura, pero la selectividad CO_2/CH_4 fue inferior en todos los casos.

Capitulo 5: Membranas híbridas preparadas por la técnica sol-gel

El proceso sol-gel fue realizado en diferentes condiciones, variando la temperatura, tiempo de agitación y solventes utilizados, tomando como referencia trabajos publicados que utilizan alcóxidos de silicio como precursores inorgánicos y polímeros orgánicos tales como poliimida o polieterimida como matrices [26,31,33]. El principal objetivo fue identificar las condiciones de síntesis más apropiadas para obtener membranas híbridas que fueran adecuadas para su utilización en separación de gases.

Aspecto físico de las muestras: La modificación de las condiciones de síntesis afecta el aspecto físico de las membranas, realizando la observación de las mismas desde el punto de vista macroscópico. Así, en aquellos casos en que las condiciones de síntesis conducían a membranas visiblemente no uniformes se descartó la realización de las etapas subsiguientes de caracterización a las mismas.

La obtención de films de aspecto opaco representa una evidencia de la separación de fases entre la matriz polimérica y el relleno. La transparencia de los films aumenta al mejorar la interacción entre los dos materiales, disminuyendo la tendencia a la formación de aglomerados de las partículas de sílice [3,23].

Las membranas obtenidas siguiendo los procedimientos 3 y 5 fueron opacas (capítulo 2, Tabla 2.3), lo cual evidencia que el material obtenido es heterogéneo [10]. Debido a que estas membranas no presentaron una visible homogeneidad, las mismas no fueron caracterizadas.

Finalmente, la realización de la hidrólisis y condensación de TEOS in situ en la solución polimérica conduce a la obtención de membranas transparentes, superando, al menos en parte, el problema de separación de fases. La redisolución de las últimas membranas mencionadas en el mismo solvente empleado para la síntesis, mejora aún más su aspecto físico, lo que concuerda con los resultados de MEB que se presentan más adelante. Estas características son indispensables para continuar con el estudio de estas membranas, ya que las mismas resultan adecuadas, en principio, para su utilización en separación de gases.

5.1 Propiedades térmicas

5.1.1 Calorimetría Diferencial de Barrido (DSC)

La temperatura de transición vítrea (Tg) es un parámetro utilizado como punto de referencia para evaluar cambios en las propiedades térmicas de las membranas al incorporar un relleno. En la Tabla 5.1 se presentan las temperaturas de transición vítrea de las membranas híbridas preparadas según el procedimiento 4 de sol-gel, reportado en la Tabla 2.3 del capítulo 2 mencionada anteriormente, como así también la T_g correspondiente a la membrana polimérica sin relleno. Como se mencionó en el capítulo 3, la temperatura de transición vítrea reportada en la literatura para polieterimida es de 210 ºC [1]. Los valores de T_g presentados por las membranas a las que se les incorporó sílice por dispersión se encontraban entre 211 y 213 ºC (capítulo 4). En el caso de las membranas híbridas a partir de TEOS se observa que el valor de T_g es mucho menor, aproximadamente 30 ºC menos. Este no es un efecto provocado por la sílice generada a partir de TEOS, ya que la membrana polimérica sin relleno presenta un valor similar. Comparando ambas membranas poliméricas puras, a las que se les incorporó sílice por dispersión y éstas últimas, se observa que la diferencia entre ambas es el solvente utilizado para preparar la solución polimérica, de características y propiedades químicas acordes a las necesarias para la utilización de esta técnica. En el primer caso fue utilizada una mezcla de diclorometano y cloroformo y en el otro fue empleado NMP como solvente. Dado que la temperatura de ebullición de éste último es mucho mayor que la de los otros dos, se puede explicar el menor valor de T_g presentado por las membranas preparadas con NMP, ya que las condiciones de secado de las membranas pueden no ser suficientes para eliminar todo el solvente de las mismas, y el NMP presente puede estar actuando como un plastificante.

Tabla 5.1. Temperatura de transición vítrea de las membranas híbridas a partir de TEOS.

Membrana	Sílice (% masa)	T_g (°C)
PEI	-	181
PEI–5	5	185

Con el objetivo de asegurar la completa eliminación del solvente, previo a la determinación de la Tg, las membranas fueron secadas durante 48 horas en estufa a 200ºC. Ahn y col. [16] reportan que el secado de la membranas es crítico para el eliminar el solvente residual, el cual puede causar disminuciones de la Tg.

Como se observa en la Tabla 5.2, los valores de Tg de todas las membranas varían en un rango comprendido entre 207ºC y 215ºC, lo cual está acorde a los valores reportados en publicaciones para este tipo de membranas [70-73,33].

Tabla 5.2. Temperatura de transición vítrea de las membranas híbridas a partir de TEOS y membranas re-disueltas.

Membrana	Sílice (% masa)	T_g (°C) (s/re-dis.)	T_g (°C) (Re-dis.)
PEI	-	210	210
PEI–5	5	212	209
PEI–10	10	210	210
PEI–15	15	207	215

Comparando las Tg de las membranas híbridas en relación a la membrana polimérica pura se observa un pequeño aumento en la misma para la membrana con 5 % de sílice, disminuyendo luego para valores crecientes de sílice en las membranas. Diversos efectos en la Tg de las membranas fueron reportadas luego de la adición de un relleno inorgánico en las mismas. Ahn y col. [16] observaron un leve aumento en la Tg de las membranas híbridas formadas por polisulfona y sílice, pero para contenidos de relleno mayores al 20% en peso. El mayor aumento reportado es de

5°C para un contenido de sílice de 30%. Los autores señalan que un aumento en la Tg refleja un cambio en la movilidad segmental de las cadenas poliméricas, como así también una mayor rigidez en ciertas regiones del polímero generadas por tensiones creadas durante la formación de la membrana en la interfase polímero-sílice.

Materiales híbridos ternarios compuestos por Bismaleimida-Polieterimida-Sílice fueron sintetizados por Shanjun y col. [93] utilizando el proceso sol-gel, empleando TEOS como precursor de la sílice. Fueron reportados aumentos en la Tg con el aumento del contenido de sílice, observándose un aumento de hasta 19°C para un contenido de 20 % en peso de TEOS. Los autores mencionan que este aumento está relacionado con las interacciones existentes entre la matriz polimérica y la sílice, las cuales se ven notablemente mejoradas al incorporar el agente de acoplamiento.

Una disminución en la Tg en membranas nanocompuestas de polimetilmetacrilato y alúmina fue reportada por Ash y col. [94]. Estos autores no observaron cambios en la Tg en membranas con contenidos menores al 0,5% en peso de relleno, pero para contenidos mayores a éste la Tg se redujo en más de 20°C y luego permaneció constante en este valor hasta contenidos de 10% en peso de alúmina. Los autores analizan estos resultados haciendo un paralelismo entre el efecto en la Tg dependiendo del espesor de films muy delgados y la distancia que existe entre las partículas de relleno. Para films delgados, la Tg disminuye a medida que el espesor lo hace. La distancia entre partículas es mayor para bajos contenidos de relleno, es decir que al aumentar la cantidad de alúmina disminuye esta distancia, lo cual sería equivalente a la disminución del espesor del film. Sin embargo esta teoría no explica el por qué no continúa disminuyendo la Tg para cantidades mayores al 1% en peso de relleno, sino que se mantiene constante.

Otros trabajos fueron publicados en los que no se observan grandes diferencias en los valores de la Tg de la membrana polimérica pura y de la membrana nanocompuesta. Compton y col. [95] prepararon membranas de poliimida con nanopartículas de plata o paladio generadas in situ. Los autores reportan solo pequeñas diferencias en la Tg entre la membrana pura de referencia y la membrana con 13% en peso de plata, sugiriendo según estos resultados que ocurre solo una pequeña o casi nula variación en la movilidad de las cadenas poliméricas cercanas a la superficie de las nanopartículas o bien que esta variación no puede ser evidenciada por un análisis de DSC clásico.

Para poder visualizar mejor los resultados obtenidos se grafican en la Fig. 5.1 las Tg de las membranas sintetizadas a partir de TEOS con y sin re-disolución. Como se observa en la figura, en el caso de las membranas sin re-disolver hay un leve aumento en la Tg para la membrana con 5% en peso de sílice, disminuyendo luego para cantidades mayores de relleno. Al analizar las membranas re-disueltas se observa una constancia en la Tg hasta contenidos de sílice del 10%, incrementándose la misma para un contenido de relleno del 15%, lo cual refleja un cambio en la movilidad segmental de las cadenas poliméricas con el consecuente incremento de la rigidez en la interfase entre ambos materiales, que a su vez concuerda con la existencia una buena adhesión o compatibilidad entre las dos fases, lo cual se sustenta también con el análisis morfológico observando las imágenes de MEB, que serán presentadas en la sección 5.2. Es importante destacar la influencia del fenómeno de re-disolución en la homogeneidad de la estructura de la membrana obtenida, atribuible a la eliminación del H_2O generada en la reacción de condensación.

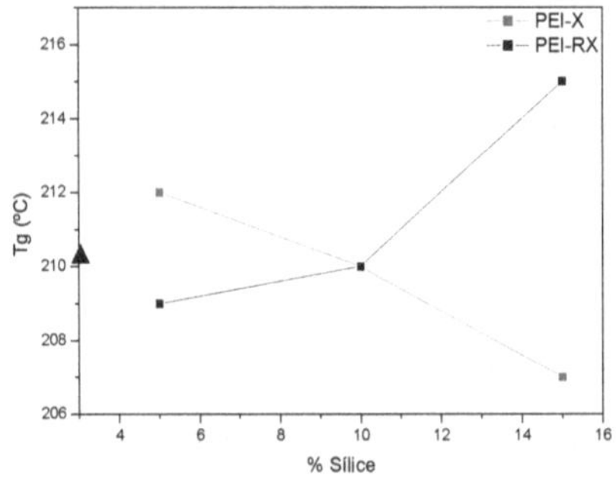

Figura 5.1. Temperatura de transición vítrea (Tg) de las membranas a partir de TEOS con y sin redisolución.

En la Tabla 5.3 se presentan los resultados de DSC para membranas con diferentes porcentajes de agente de acoplamiento, manteniendo el contenido de sílice en un 10%. Como puede observarse, no existe un efecto significativo del agente de acoplamiento en la Tg de las membranas híbridas, ni en relación a la membrana polimérica pura.

Tabla 5.3. Temperatura de transición vítrea de las membranas híbridas con 10% de sílice y distintas cantidades de agente de acoplamiento.

Membrana	Sílice (% masa)	Agente de acoplamiento (% masa)	Tg (°C)
PEI-10	10	5	210
PEI-10-A10	10	10	207
PEI-10-A15	10	15	210

5.1.2 Análisis Termogravimétrico (TGA)

Esta técnica fue empleada para determinar tanto la temperatura de degradación de las membranas híbridas como el contenido de sílice de las mismas. Numerosos trabajos publicados determinan el contenido de relleno inorgánico utilizando esta técnica [3,24,96-98]. Este hecho se fundamenta en que la mayoría de los polímeros pirolisa a temperaturas inferiores a 700°C en aire y en que la red de sílice formada presenta buena estabilidad térmica a esas temperaturas [3,96]. En la Tabla 5.4 se reportan los valores encontrados.

Tabla 5.4. Temperatura de descomposición y residuo de TGA de las membranas híbridas.

Membrana	Sílice [(a)] (% masa)	Ceniza [(b)] (% masa)	T_d (°C)
PEI	-	-	548
PEI-R5	5	5	545
PEI-R10	10	13	537
PEI-R15	15	18	546
PEI-10-A10	10	9	546
PEI-10-A15	10	20	544

(a) Contenido teórico de sílice.
(b) Contenido de sílice obtenido a partir del residuo de TGA.

Se puede observar de los resultados que existe una buena correlación entre el contenido teórico de sílice y el encontrado según el residuo obtenido luego de calentar las muestras hasta 1200ºC. El aumento en el residuo con el incremento de sílice en las membranas sugiere que hubo una adecuada incorporación del relleno en el material híbrido [98-99], y que el proceso sol-gel fue llevado a cabo casi en su totalidad [3 ,24]. En algunos casos el contenido de sílice experimental es superior al teórico. Esto puede deberse a una distribución no totalmente homogénea de la sílice en la membrana [96] o también puede deberse a alguna fracción de polímero que puede haber quedado atrapada en la red de sílice formada [99]. Esta última hipótesis puede evidenciarse en el color del resíduo, el cual posee una coloración negra. Si fuera exclusivamente sílice lo que compone el mismo, este debería tener una coloración blanca. Cabe aclarar que el contenido teórico de sílice contempla la cantidad de sílice incorporada a partir de TEOS, no así la proveniente de APTEOS que también, aunque en menor medida, contyribuye al incremento de la cantidad de sílice. Particularmente en el caso de la membrana con 10% de sílice y 15% de APTEOS, se observa un valor experimental bastante superior al teórico. En este sentido, cabe destacar que las membranas con mayores porcentajes de APTEOS (10 y 15% en peso) no pudieron re-disolverse. Esto se debe a la mayor interacción entre las fases lo cual provoca que en el resíduo analizado también se está contemplando el residuo orgánico presente.

En relación a la temperatura de descomposición, no se observan prácticamente modificaciones al incorporar la sílice. Todos los valores son superiores a 537ºC, lo cual demuestra la buena estabilidad térmica que presentan las membranas híbridas, aunque no hubo un aumento en esta propiedad con la incorporación del relleno.

5.2 Microscopía Electrónica de Barrido (MEB)

En la Fig. 5.2 se presentan las imágenes de microscopía electrónica de barrido de la sección transversal de las membranas preparadas según los diferentes procedimientos de síntesis descriptos en el capítulo 2. Se observa que las membranas de PEI pura presentan una morfología densa (Fig. 5.2a). En el caso de las membranas preparadas siguiendo el procedimiento 1 (hidrólisis de TEOS separadamente) con contenidos de sílice del 5% y 10% en peso (Fig. 5.2b y 5.2c respectivamente) se observa la presencia de dominios de sílice de 1 a 6 μm aproximadamente, apreciándose que entre los mismos y la matriz polimérica no existe una buena adhesión. En las membranas que contienen un 10 % de sílice el tamaño de los dominios es aún mayor. Imágenes de MEB similares a las de la Fig. 5.2 fueron observadas en otros materiales híbridos compuestos del tipo polímero-sílice, tales como poliimida-sílice [3,24]. En los mismos, los autores reportan que los espacios que se observan en la interfase son consecuencia de una pobre interacción entre las fases orgánica e inorgánica.

El procedimiento 2 fue realizado en las mismas condiciones que el 1, pero con el agregado del agente de acoplamiento, buscando que el mismo mejorara la adhesión entre las fases. En la Fig. 5.2d se observa que no se obtuvieron mejoras notables en cuanto a la adhesión de las dos fases, siendo aun visibles los dominios de sílice. En conclusión podemos decir que siguiendo los procedimientos 1 y 2 se puede observar la presencia de regiones no selectivas en las interfases entre la matriz polimérica y la sílice, lo que puede explicar los resultados de permeación de gases presentados por estas membranas (sección 5.5).

En la Fig. 5.3 se presentan las imágenes obtenidas cuando se realiza la hidrólisis de TEOS in situ en la solución polimérica (procedimiento 4), observándose una mejor dispersión de la sílice en las membranas híbridas que al realizar la hidrólisis del alcóxido separadamente. Esta observación se mantiene para membranas con distintos porcentaje de sílice (5-15%), notándose una mejora aún mayor al re-disolver las membranas en el solvente utilizado para su síntesis y extenderlas nuevamente (Fig. 5.3b). Esta última observación podría atribuirse, como se mencionó anteriormente, a la eliminación de vestigios de agua durante el proceso de re-disolución que pudiera haber quedado de la reacción de condensación. En las imágenes de estas últimas membranas se observa que la morfología que se obtiene es totalmente densa, lo cual es indispensable para membranas utilizadas en separación de gases.

Comparando estas imágenes con las de la Fig. 5.2, se puede observar claramente que con este procedimiento de síntesis la estructura interna de las membranas mejora notablemente, siendo la misma mucho más homogénea. Sobre la base de estos resultados se puede concluir que estas membranas sintetizadas vía el procedimiento 4 son adecuadas para su utilización en separación de gases. Es importante destacar que en este procedimiento, tanto la hidrólisis del TEOS in situ como la incorporación simultánea del alcóxido y del agente de acoplamiento son determinantes para las mejoras de la estructura observadas, incrementando la interacción entre las fases.

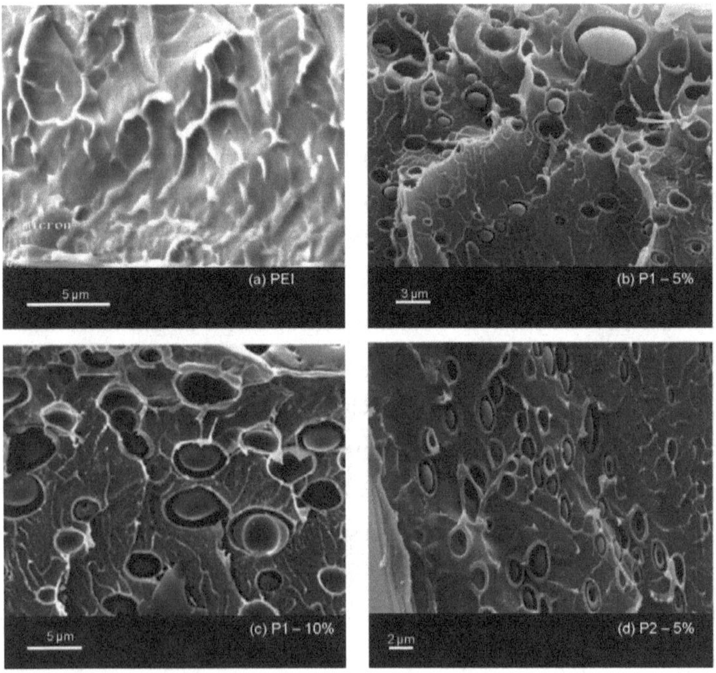

Figura 5.2. Imágenes de MEB de la sección transversal de membranas: (a) PEI pura, (b) PEI-5 (procedimiento 1), (c) PEI-10 (procedimiento 1) y (d) PEI-5 (procedimiento 2).

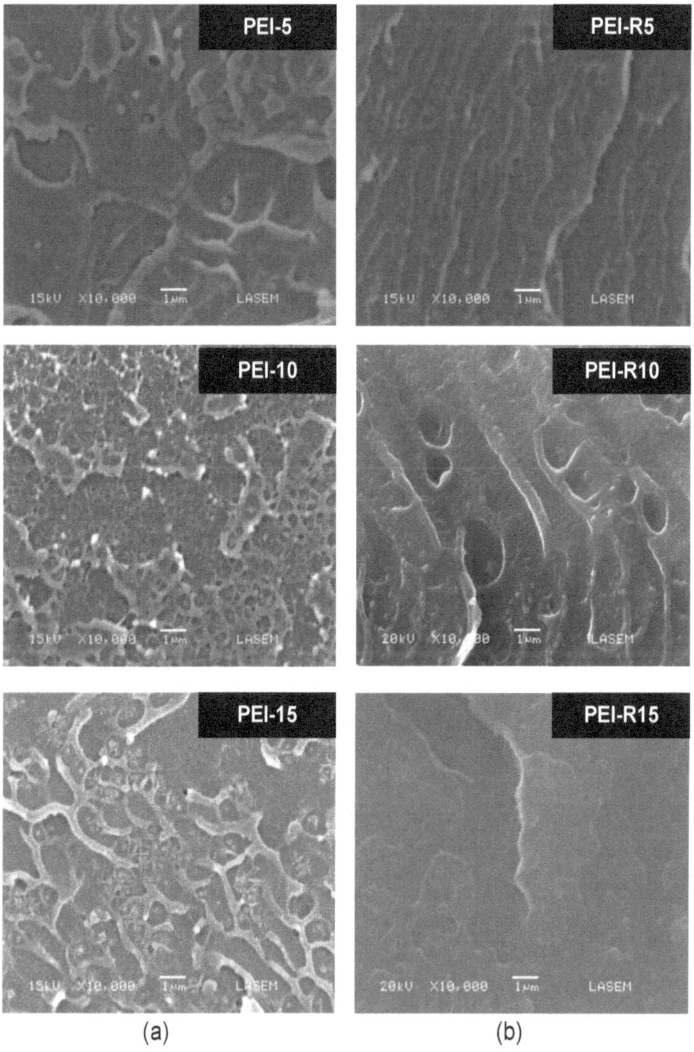

Figura 5.3. Imágenes de MEB de la sección transversal de membranas híbridas: (a) TEOS in situ (b) membranas re-disueltas.

En la Fig. 5.4 se muestran las imágenes de MEB de las membranas con contenidos de sílice de 10% pero con cantidades mayores del agente de acoplamiento (APTEOS). Se observa para las membranas con 10% (Fig. 4a) y 15% (Fig. 4b) de APTEOS que la morfología que presentan es totalmente densa. En las imágenes (a1) y (b1) se puede observar todo el espesor de la membrana y la uniformidad de la estructura en el mismo. Cabe mencionar que estas membranas no fueron re-disueltas, como las sintetizadas con un contenido de 5% de APTEOS. No fue posible realizar la re-disolución de las mismas, ya que al ponerlas en contacto con el solvente, no ocurría la disolución de los materiales, aún luego de varios días de agitación. Este hecho pone de manifiesto que hubo realmente una modificación en la estructura de la membrana formada, que da lugar a la obtención de un nuevo material homogéneo, evidenciando el rol del agente de acoplamiento en el proceso sol-gel.

Además de las imágenes de la sección transversal, fueron obtenidas imágenes superficiales de las membranas con MEB utilizando electrones retro difundidos (Fig. 5.5). El detector de electrones retro difundidos permite la obtención de imágenes de composición y topografía de la superficie (BEI (Backscattered Electron Image)). La utilidad de este tipo de imágenes radica en que la señal debida a electrones retro difundidos depende del número atómico de la muestra. Esto implica que dos regiones de la muestra que posean distinta composición se revelan con distinta intensidad, observando en las imágenes diferencias de contraste.

En la Fig. 5.5 se observa, para membranas híbridas con un 5 % de sílice, la presencia de pequeños núcleos de sílice, que se diferencian del resto de la matriz polimérica. Se realizó la confirmación de que los mismos presentan silicio, realizando el análisis por EDS.

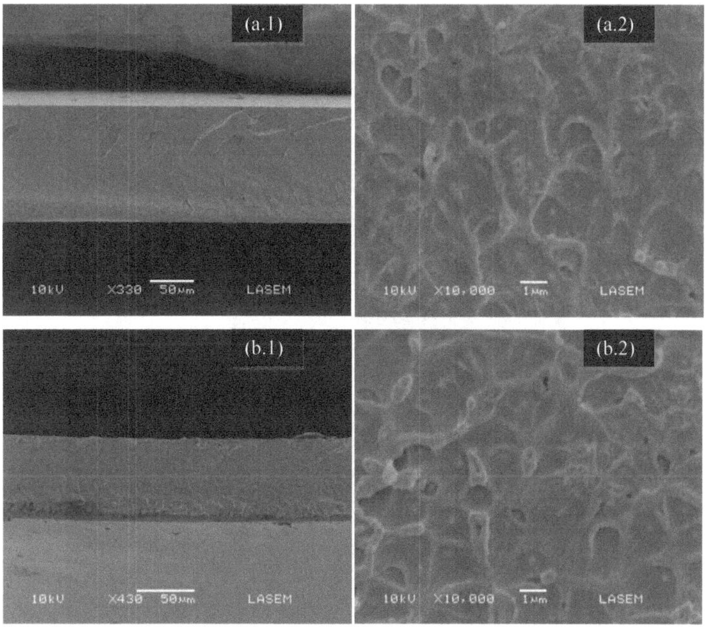

Figura 5.4. Imágenes de MEB de la sección transversal de membranas híbridas con 10% de sílice: (a) 10% de APTEOS (b) 15% de APTEOS.

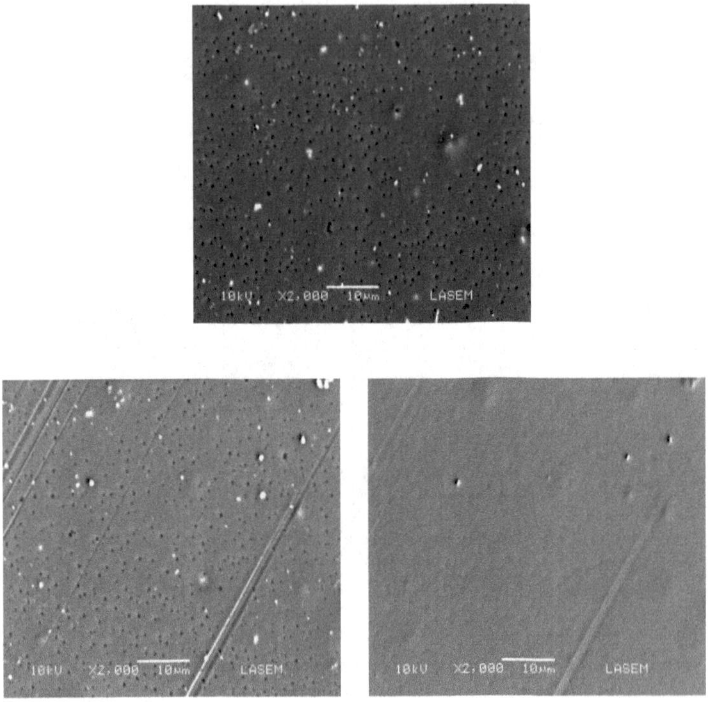

Figura 5.5. Imágenes de MEB de la superficie de membranas híbridas con un 5 % de sílice.

5.3 Análisis de Rayos X por Dispersión de Energías (EDS)

En esta técnica (Energy Dispersive Spectroscopy EDS) se mide directamente la energía de los rayos X resultantes de la interacción de los electrones de alta energía incidentes con los átomos de la muestra. A través del conocimiento de la energía de los fotones emitidos se identifican las especies químicas (elementos) en la región enfocada. Se observa en el espectro obtenido una serie de picos a diferentes energías y que corresponden a emisiones características de cada elemento químico.

En la Fig. 5.6 se observa el espectro correspondiente a una membrana híbrida con un 15 % de sílice, en el cual se evidencia la presencia de la misma a través de la observación del pico correspondiente al silicio. Si comparamos los espectros a y b, observamos que aumenta el contenido de silicio en este último. Ambos espectros corresponden a la misma membrana analizada, habiéndose realizado en la Fig. 5.6b el análisis en un punto particular de la muestra, que corresponde a un núcleo que fue identificado anteriormente en las imágenes de MEB por electrones retro difundidos. Las cantidades relativas de cada elemento químico en cada espectro se presentan en las Tablas 5.5 y 5.6.

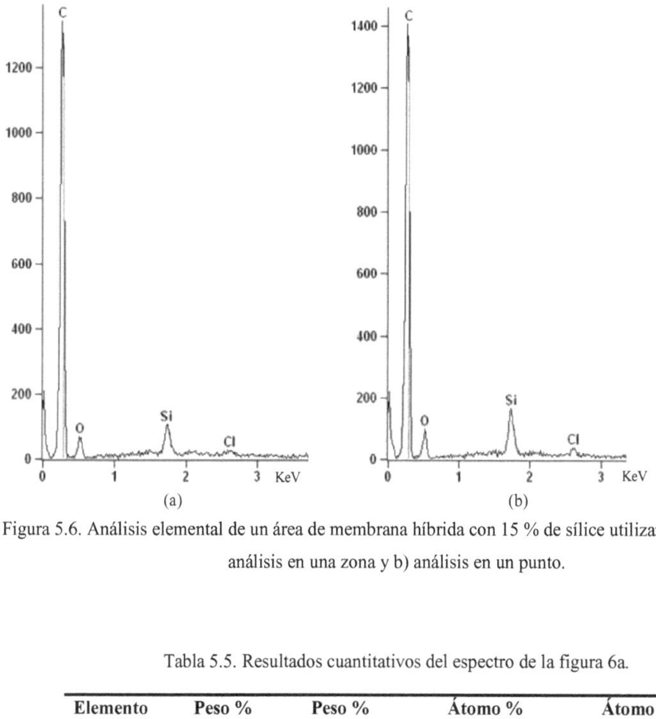

Figura 5.6. Análisis elemental de un área de membrana híbrida con 15 % de sílice utilizando MEB-EDS: a) análisis en una zona y b) análisis en un punto.

Tabla 5.5. Resultados cuantitativos del espectro de la figura 6a.

Elemento	Peso %	Peso % Error	Átomo %	Átomo % Error
C	85.48	+/- 0.84	89.39	+/- 0.88
O	12.27	+/- 0.62	9.63	+/- 0.49
Si	1.93	+/- 0.10	0.86	+/- 0.05
Cl	0.32	+/- 0.07	0.11	+/- 0.02
Cl	---	---	---	---
Total	100.00		100.00	

Tabla 5.6. Resultados cuantitativos del espectro de la figura 6b.

Elemento	Peso %	Peso % Error	Átomo %	Átomo % Error
C	83.14	+/- 0.80	87.73	+/- 0.85
O	13.78	+/- 0.58	10.92	+/- 0.46
Si	2.70	+/- 0.10	1.22	+/- 0.05
Cl	0.39	+/- 0.06	0.14	+/- 0.02
Cl	---	---	---	---
Total	100.00		100.00	

La caracterización de las muestras de PEI – TEOS (procedimiento 4) por esta técnica permitió además, verificar el incremento paulatino del contenido del relleno inorgánico en las membranas híbridas a través del aumento de la intensidad del pico correspondiente al silicio, a medida que se incrementa la cantidad de TEOS empleada para realizar la hidrólisis (Fig. 5.7).

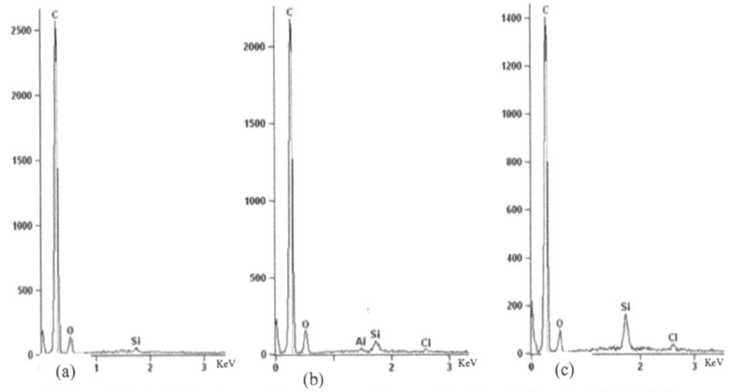

Figura 5.7. Análisis elemental de las membranas híbridas utilizando MEB-EDS.
Membranas con un 5% (a), con un 10% (b) y con un 15% (c) de sílice.

5.4 Espectroscopía de Infrarrojo (FTIR)

Los espectros HATR-FTIR de las membranas híbridas, con diferentes contenidos de sílice, no muestran diferencias apreciables con relación al de la membrana polimérica pura (Fig. 5.8). Al igual que lo reportado para las membranas sintetizadas por dispersión. Esto ocurre como consecuencia del bajo contenido de sílice en las membranas y del solapamiento existente entre las bandas a 1072 y 1014 cm^{-1} del polímero (correspondiente a las vibraciones del enlace C-O en éteres aromáticos, muy intensas) con las bandas en el rango de 1000-1100 cm^{-1} del sólido inorgánico. Las principales bandas observadas en los espectros fueron ya mencionadas en los capítulos 3 y 4.

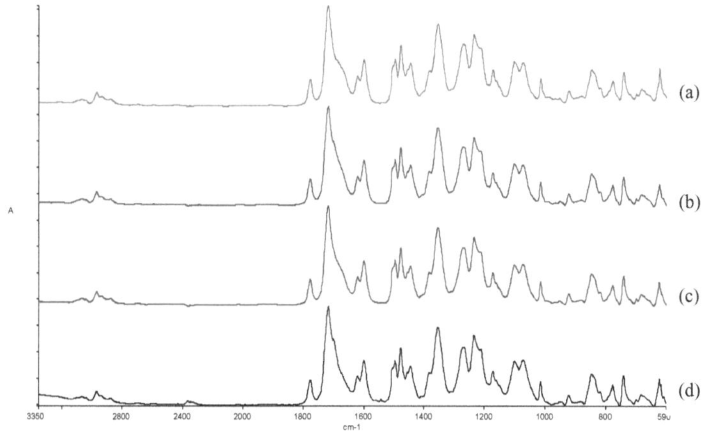

Figura 5.8. Espectro HATR-FTIR de las membranas: a) PEI pura, b) PEI-R5, c) PEI-R10 y d) PEI-R15.

No obstante, es interesante analizar los espectros de diferencia entre los correspondientes a las membranas híbridas y la PEI pura (Fig. 5.9), ya que permiten dilucidar la aparición de las bandas correspondientes al relleno y el posible desplazamiento de las mismas por efectos de la interacción entre ambos materiales.

Así, en la Fig. 5.9 puede observarse la presencia de varias bandas de absorción situadas entre los 1150 y 900 cm^{-1}, atribuidas a vibraciones de estiramiento asimétrico de los grupos siloxano (Si-O-Si) formados a través del proceso sol-gel cuando se añade TEOS a la solución polimérica.

Si bien los espectros de infrarrojo de sílice y de sistemas que contienen este relleno inorgánico fueron extensivamente estudiados, no existe un consenso aún en cuanto al significado estructural de las bandas observadas a bajas frecuencias, en el rango de 1000-1200 m^{-1} [85]. La posición de las bandas es de gran importancia debido a que las mismas proveen información de la estructura molecular que presenta la red inorgánica formada. Es bien conocido que los geles de sílice pueden dar lugar a la formación de redes que poseen estructuras cíclicas y lineales, dependiendo del grado de entrecruzamiento alcanzado durante el proceso. En esta tesis, se asigna el pico correspondiente a 1086 cm^{-1} al modo de estiramiento asimétrico de unidades Si-O-Si presentes en estructuras cíclicas [31,34,85,100]. Esta banda solo es observada en el espectro diferencia correspondiente a la membrana híbrida que contiene un 15% en peso de sílice, lo cual sugiere que mayores contenidos o cargas de sílice en la membrana promueven la formación de estructuras cíclicas. La misma banda se encuentra también presente en las membranas preparadas por dispersión, en todo el rango de contenidos de sílice analizado, probablemente como consecuencia de la ausencia de agente de acoplamiento durante el proceso de síntesis, de acuerdo a lo reportado por Musto y col. [34].

Por otro lado, el componente debido al mismo modo vibracional en estructuras más lineales y menos entrecruzadas se observa a 1055-1060 cm^{-1} [34,85]. Es importante resaltar que la intensidad de la última banda mencionada aumenta al incrementarse el contenido de sílice.

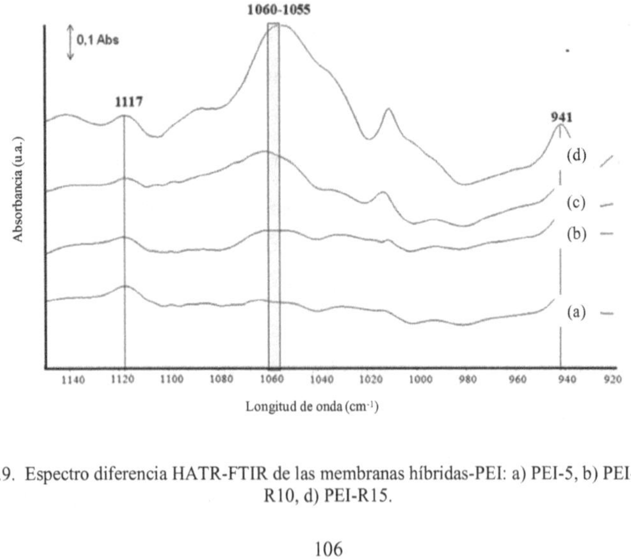

Figura 5.9. Espectro diferencia HATR-FTIR de las membranas híbridas-PEI: a) PEI-5, b) PEI-R5, c) PEI-R10, d) PEI-R15.

La presencia de las bandas de sílice mencionadas fueron también reportadas por Lenza y Vasconcelos [85] en un estudio realizado por estos autores, en el cual utilizan la técnica de IR para seguir la evolución de soles de sílice, obtenidos por hidrólisis y condensación de TEOS, utilizando formamida como aditivo. Los autores encontraron que en ausencia de formamida la estructura presentada por el sol se encuentra pobremente interconectada y una banda ubicada a 1040 cm^{-1} es la predominante. En aquellos soles que contienen el aditivo, la reacción de condensación se inicia con la formación de pequeños oligómeros, conduciendo posteriormente a la generación de una estructura más entrecruzada y aumentando la intensidad del pico presente a 1080 cm^{-1}. Una asignación de bandas similar fue realizada por Musto y col. [34] en sistemas poliimida/sílice, en estudios de IR que emplean la técnica de deconvolución de espectros, que permite la determinación de la posición exacta de las bandas involucradas. Los autores discriminaron entre las vibraciones de estiramiento de Si-O-Si en estructuras cíclicas, asignadas a la banda de 1091 cm^{-1} y estructuras lineales cuya banda característica se asigna al pico de 1044 cm^{-1}. En sus estudios de la evolución de geles de sílice en función de la temperatura y la presencia o no de un agente de acloplamiento, que en el caso reportado por los autores se trata de γ-glicidiloxipropiltrimetoxisilano conocido como GOTMS, determinaron que la utilización de unidades reactivas del agente mencionado conduce a la introducción de cadenas de alquilo que genera defectos dentro de la red inorgánica, que distorsionan su regularidad. Como consecuencia de esto se obtienen estructuras menos interconectadas, prevaleciendo una banda a 1057 cm^{-1} sobre la correspondiente a estructuras cíclicas.

Un efecto similar se observa en las membranas sintetizadas en la presente tesis, en la cual la utilización del agente de acoplamiento APTEOS provoca la preponderancia de las bandas correspondientes a estructuras menos interconectadas (1060-1055 cm^{-1}).

Si bien la banda observada a 1117 cm^{-1} (Fig. 5.9) se relaciona con la presencia de puentes siloxano presentes en estructuras más lineales [85], no se descarta la existencia de una pequeña contribución debida al estiramiento asimétrico del enlace Si-O-C [34].

Una banda a 941 cm^{-1} es además claramente identificada en los espectros, la misma podría atribuirse a la presencia de grupos silanoles libres (Si-OH) existentes como consecuencia de una condensación incompleta durante el proceso sol-gel.

La aparición de las bandas características de la sílice, el doblete a 1086-1055 cm^{-1}, característicos de los grupos siloxano provenientes de estructuras moleculares con diferentes grados de conectividad, como también el pico a 941 cm^{-1} sugieren que el proceso sol-gel se llevó a cabo exitosamente y permite confirmar el desarrollo casi completo de la fase inorgánica en el sistema híbrido. Además, el desplazamiento de estas bandas, comparado con su posición en el espectro de sílice pura, puede deberse a interacciones entre el polímero y la sílice explicando así las nuevas propiedades que presenta el material híbrido formado.

5.4 Propiedades mecánicas de tracción

Al analizar las propiedades mecánicas de materiales compuestos, como es el caso de las membranas híbridas, se deben tener en cuenta diversos factores que las determinan. Entre ellos podemos mencionar la proporción de relleno y polímero, el tamaño de las partículas de relleno, el grado de dispersión de las mismas en la matriz polimérica y la adhesión o contacto entre los materiales en la interfase [101].

En la Tabla 5.6 se presentan los valores (promedios de tres ensayos para cada muestra) de resistencia a la tracción (σ), módulo de Young (E) y porcentaje de deformación hasta la ruptura.

La resistencia a la tracción se define como la carga máxima resistida por la probeta dividida sobre su sección inicial. En el caso de los materiales compuestos el valor obtenido está relacionado con la efectividad en la transferencia de la tensión entre la matriz y el relleno, lo cual se ve afectado por las propiedades de la interfase, es decir, las interacciones presentes entre ambos materiales.

Los resultados presentados en la Tabla 5.6 nos muestran que en las membranas PEI RX se observa un máximo en la resistencia a la tracción para la muestra PEI R10, coincidiendo con el máximo módulo y una baja deformación unitaria a la ruptura, lo

que estaría indicando que la fase inorgánica se encuentra altamente dispersa en la matriz polimérica con una efectiva transferencia de carga entre las fases.
Podría pensarse que a bajas cargas de sílice, la misma no forma estructuras inorgánicas que puedan interactuar adecuadamente con la matriz, ya que los valores de todos los parámetros ensayados son inferiores para estas membranas. Sin embargo una buena interacción se lograría con un 10% de sílice. Para cargas mayores, la formación de aglomerados de las partículas de relleno puede producir una disminución en la resistencia a la tracción [43,81,83], lo cual puede estar ocurriendo en la membrana con 15% de sílice.
En relación al efecto del agente de acoplamiento, en las muestras PEI AA10 si bien el valor de esfuerzo máximo es del orden del de la matriz polimérica PEI, se observa el máximo módulo, con 10% de acoplante, indicando que el mismo provoca una mayor interacción entre las fases orgánicas e inorgánicas [102]. Kumar y col. [73] observaron aumentos en el módulo con la incorporación en PEI de nanofibras de carbón modificadas superficialmente. Los autores atribuyen esto a mejoras tanto en la adhesión interfacial como en la dispersión de las nanofibras debido a interacciones químicas entre el relleno y la matriz. Los enlaces en la interfase también permiten una transferencia de carga más efectiva, sin embargo el efecto de la funcionalización en la resistencia es mucho menor.
El aumento en el módulo de Young de las membranas híbridas, excepto la que contiene un 5% de sílice, puede deberse al hecho de que la adición de éstas partículas a la matriz polimérica mejora su módulo debido a que la rigidez de las partículas inorgánicas es generalmente mucho mayor que la de los polímeros orgánicos [43,101].
En la Tabla 5.6 también se presentan los valores de la deformación hasta la ruptura en función del contenido de sílice. Puede observarse que en todos los casos hubo una disminución de la misma, lo cual pude deberse al efecto provocado por la sílice actuando como puntos de entrecruzamiento, restringiendo el movimiento de las cadenas poliméricas [26,43,102].

Tabla 5.6. Propiedades mecánicas de las membranas híbridas.

MEMBRANA	Resistencia a la tracción (MPa) (σ)	Módulo de Young (GPa) (E)	Deformación h/ ruptura (%)
PEI	57.8	1.57	7.63
PEI-R5	38	1.37	4.27
PEI-R10	66.0	1.89	5.5
PEI-R15	43.7	1.69	5.52
PEI-AA10	56.2	1.92	6.03
PEI-AA15	58.2	1.78	7.02

5.5 Permeación de gases

5.5.1 Permeación de H_2, N_2, O_2, CH_4 y CO_2

En la Tabla 5.7 se presentan las permeabilidades para los distintos gases ensayados. Se observa que para las membranas que contienen un 5% de sílice, la permeabilidad aumenta para todos los gases en relación a la membrana polimérica pura. Sin embargo, las selectividades CO_2/CH_4 y O_2/N_2 disminuyen notablemente, como se observa en la Tabla 5.8. Este fenómeno podría ser atribuido a la mala adhesión entre las fases orgánica e inorgánica, originando zonas no homogéneas o espacios no selectivos en la interfase. Se observa para estas membranas que el mecanismo de transporte ya no es el de solución-difusión que describe el transporte en membranas densas, sino que es un mecanismo tipo Knudsen. Esto se fundamenta realizando un estudio comparativo entre los datos experimentales con las selectividades calculadas considerando un flujo tipo Knudsen (Tabla 5.8).

Tabla 5.7. Permeabilidades (Barrer) de las membranas de PEI puras y con sílice.

MEMBRANA	Sílice (% masa)	P_{H2}	P_{N2}	P_{O2}	P_{CH4}	P_{CO2}
PEI	-	6.90	0.052	0.38	0.029	1.56
PEI–5	5	12.93	4.96	4.95	8.08	6.54
PEI–R5	5	4.65	0.097	0.38	0.088	1.70
PEI–R10	10	3.83	0.061	0.40	0.062	1.78

En el caso de las membranas re-disueltas (5 y 10% de sílice) se observó una disminución en las permeabilidades y un aumento en las selectividades comparadas con la membrana con 5% de sílice sin re-disolver. Los valores de permeabilidad de estas membranas son comparables a los de la membrana polimérica pura, con excepción a la que presenta el H_2, lo cual está de acuerdo con las imágenes de MEB analizadas que mostraron una estructura densa para ambas.

La permeabilidad a H_2 fue menor para las membranas híbridas re-disueltas, mientras todas las otras moléculas de gas mostraron en general mayores permeabilidades comparando sus valores con los de la membrana de PEI pura. Los valores de selectividad CO_2/CH_4 y O_2/N_2 fueron sin embargo menores para las membranas re-disueltas. De estos resultados se puede inferir que estas membranas híbridas aun presentan una microestructura con algunas heterogeneidades debido a problemas de adhesión en la interfase [7].

Aunque no se pudo detectar una relación directa entre las permeabilidades y los contenidos de sílice en las membranas, el desempeño de la membrana PEI-R10 sugiere una relación permeabilidad-selectividad promisoria para la separación CO_2/CH_4. Estos resultados muestran la posibilidad de cambiar u optimizar las propiedades de transporte de las membranas modificando las condiciones de síntesis.

Tabla 5.8. Selectividades de las membranas a pares de gases de interés industrial.

	Solución-difusión		**Difusión Knudsen**	
MEMBRANA	$\alpha_{CO2/CH4}$	$\alpha_{O2/N2}$	$\alpha_{CO2/CH4}$	$\alpha_{O2/N2}$
PEI	53.83	7.31	0.60	0.94
PEI–5	0.81	1		
PEI–R5	19.32	3.92		
PEI–R10	28.71	6.56		

El incremento relativo en la permeabilidad, es decir la relación entre la permeabilidad de las membranas con agregado de sílice y la que corresponde a la membrana sin relleno, aumenta en el siguiente orden: $CH_4 > N_2 > CO_2 > O_2$ (Tabla 5.9). Ahn y col. [16] atribuyen este mayor incremento en la permeabilidad de las moléculas gaseosas más grandes en relación a las más pequeñas, a un aumento en los espacios moleculares en las membranas híbridas, lo que lleva a un efecto más pronunciado en el coeficiente de difusión, en relación al coeficiente de solubilidad, y por lo tanto en la permeabilidad.

Tabla 5.9. Permeabilidades relativas de las membranas.

MEMBRANA	P_{N2}	P_{O2}	P_{CH4}	P_{CO2}
PEI-R5	1.87	1.00	3.03	1.09
PEI-R10	1.17	1.05	2.14	1.14

Para analizar el efecto de los coeficientes de difusión (D) y solubilidad (S) de los gases se relacionaron los valores de permeabilidad con el diámetro cinético de las moléculas que permean y con su temperatura crítica, como se muestra en las Fig. 5.10 y 5.11 respectivamente.

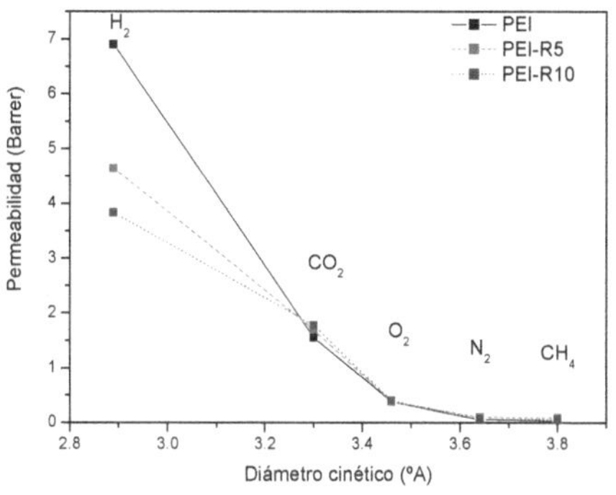

Figura 5.10. Permeabilidad vs Diámetro cinético de la membrana sin relleno y de las membranas re-disueltas.

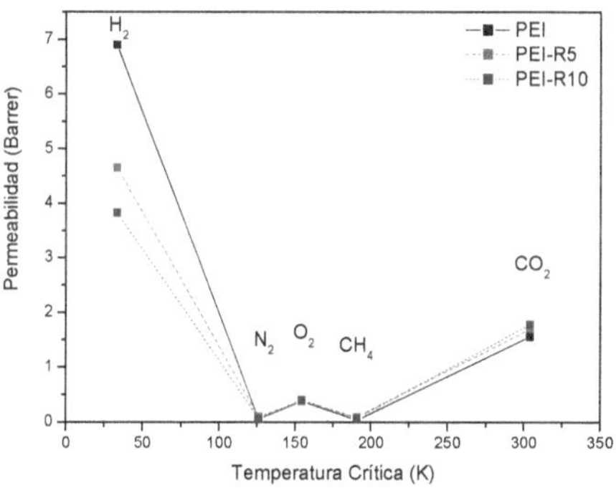

Figura 5.11. Permeabilidad vs Temperatura crítica de la membrana sin relleno y de las membranas re-disueltas.

La difusión es una medida de la rapidez con la que un gas es transportado a través de la membrana. Este parámetro es dependiente, entre otros factores, de la geometría del penetrante. Al aumentar el tamaño molecular de las moléculas de gas que permean disminuye su coeficiente de difusión. En la Fig. 5.10 se observa, tanto para la membrana polimérica pura como para aquellas re-disueltas con 5 y 10 % de sílice que la permeabilidad disminuye al aumentar el diámetro cinético de la molécula de gas que permea.

En relación a la solubilidad de un gas en la membrana, la principal propiedad que la determina es la facilidad de condensación, ya que para que un gas se solubilice debe primero adsorberse. Las moléculas se vuelven más condensables al aumentar su tamaño (aumenta su temperatura normal de ebullición), siendo la temperatura crítica (T_c) una medida de la facilidad de condensación, por lo tanto a mayor T_c mayor solubilidad. En la Fig. 5.11 se representa la permeación de gases en función de las temperaturas críticas de los mismos. Se observa que no existe una relación directa entre el aumento de la temperatura crítica del gas que permea y la permeabilidad de las membranas. Por lo tanto se puede inferir que el mecanismo de solución no es el dominante en la permeación de gases en las membranas ensayadas. Los resultados obtenidos indican, que de los parámetros que determinan la permeabilidad en el mecanismo de solución-difusión, la difusión es el factor predominante en la permeabilidad tanto en la membrana polimérica pura como en aquellas con relleno inorgánico. Este comportamiento es el que generalmente se observa en polímeros vítreos [2,32].

5.5.2 Separación de interés industrial CO_2/CH_4

Se realizó el estudio de permeación de CO_2 y CH_4 en todas las membranas sintetizadas a fin de realizar un estudio comparativo de las permeabilidades y selectividades presentadas por las mismas para este par de gases cuya separación es de gran interés. El principal objetivo es estudiar el efecto de la incorporación de sílice en la permeabilidad de las membranas, analizándose también el efecto del solvente, los coeficientes aparentes de difusión y solubilidad y el contenido de agente de acoplamiento.

Efecto del solvente

Las permeabilidades de estos gases en la membrana polimérica pura fueron: P_{CO2}=0.840 Barrer y P_{CH4}=0.011 Barrer, que difieren de los presentados en la Tabla 7 debido a que los resultados que se reportan en la misma corresponden a una membrana sintetizada empleando diclorometano-cloroformo como solvente, mientras que para los últimos reportados el solvente empleado fue NMP siendo la membrana secada a 60 ºC.

Estos valores son menores a los reportados en la literatura para membranas de polieterimida [43,47,74,103-104]. Una posible causa de la disminución de la permeabilidad puede ser un efecto provocado por el solvente utilizado en la síntesis, es decir por el solvente residual aun presente en la membrana. En los trabajos publicados se presentan efectos diversos en la permeabilidad de las membranas, relacionadas a los solventes utilizados en la síntesis. En algunos trabajos se reporta un aumento en la permeabilidad con el aumento de la cantidad de solvente en la membrana. En ese caso, el solvente puede estar actuando como un plastificante, aumentando la movilidad de las cadenas poliméricas y favoreciendo la permeación de gases [96,105]. Un efecto opuesto al señalado anteriormente se presenta en las membranas sintetizadas en esta tesis, sin embargo resulta concordante con el observado por Joly y col. [71] quienes reportaron un aumento en la permeabilidad y solubilidad de gases como N_2 y CO_2 al aumentar el tiempo del tratamiento térmico de las membranas, es decir al disminuir la cantidad de solvente residual. Los autores sugieren que puede existir una competencia entre las moléculas gaseosas y el solvente por los "sitios" de sorción en la matriz polimérica.

En las membranas en estudio se corroboró la presencia de solvente en las mismas al realizar el análisis de los termogramas, observándose la eliminación de solvente a una temperatura próxima a la Tg del polímero. Otra evidencia fue puesta de manifiesto en los datos obtenidos de DSC, donde para poder determinar correctamente el valor de Tg de la membrana fue necesario realizar un tratamiento térmico exhaustivo a las muestras, a temperaturas elevadas, para eliminar totalmente el solvente.

Para excluir el efecto del solvente y con el objeto de que los resultados sean comparables, se realizó el tratamiento de re-disolución y extendido a las membranas poliméricas puras.

Luego de re-disolver las membranas de PEI puras en diclorometano y extenderlas nuevamente, las mismas mostraron valores de permeabilidad comparables a los reportados en la literatura para PEI. Los mismos se presentan en la Tabla 5.10, junto a las permeabilidades de las membranas re-disueltas en todo el rango de contenido de sílice estudiado. Se observan valores de permeabilidades a CO_2 y CH_4 similares a los reportados en la Tabla 7 para PEI pura.

Tabla 5.10. Permeabilidades (Barrer) y selectividad (CO_2/CH_4) de las membranas de PEI pura y re-disueltas.

MEMBRANA	Sílice (% masa)	P_{CH4} (Barrer)	P_{CO2} (Barrer)	$\alpha_{CO2/CH4}$
PEI	-	0.032	1.28	40.0
PEI–R5	5	0.088	1.49	16.6
PEI–R10	10	0.067	1.76	26.3
PEI–R15	15	0,061	1,87	30.7

Efecto del contenido de sílice

En la Tabla 5.10 se reporta también la permeabilidad a ambos gases para las membranas híbridas, observándose un aumento de este parámetro si se las compara con las de PEI pura. Sin embargo, la permeabilidad a CO_2 aumenta gradualmente con el aumento de contenido de sílice en la membrana, mientras que la permeabilidad a CH_4 presenta el máximo aumento para la membrana con 5% de sílice disminuyendo para valores crecientes de relleno en la membrana, aunque siempre superiores a los de PEI pura.

En la Fig. 5.12 se presentan las permeabilidades relativas, es decir el cociente entre el valor de la permeabilidad de la membrana híbrida y el correspondiente a la membrana de PEI pura, en función del contenido de sílice. Como puede observarse, el aumento relativo de la permeabilidad a CH_4 es mayor que el correspondiente al CO_2. El mayor aumento se presentó en la membrana con 5% de sílice.

Debido a este comportamiento de las membranas es que la selectividad ideal (Tabla 5.10), para el par de gases en estudio disminuye con la incorporación del relleno en la matriz polimérica, sin embargo muestra un incremento con el aumento del contenido de relleno, al menos en el rango de contenidos de sílice estudiado.

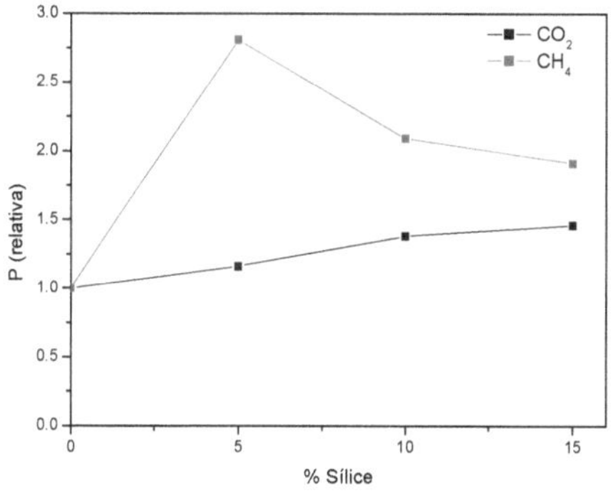

Figura 5.12. Permeabilidad relativa (cociente entre la permeabilidad de la membrana híbrida y la de PEI pura) en función del contenido de sílice.

Para poder analizar y comprender el comportamiento en cuanto a permeabilidad de gases de las membranas híbridas se citan algunos trabajos publicados con resultados similares, los cuales utilizan sílice como relleno inorgánico en diferentes matrices poliméricas. Park y col. [97] realizaron estudios incorporando sílice en una matriz de poli(imida siloxano). Estos autores observaron, en concordancia con nuestros resultados, un aumento en la permeabilidad de las membranas con el agregado de sílice, y destacan el hecho de que estas partículas no pueden considerarse densas, ya que en ese caso debería ocurrir una disminución en la permeabilidad de los gases. En cuanto al transporte a través de las membranas híbridas, plantearon dos posibles mecanismos: a) que el transporte de gases se lleva a cabo a través de la red porosa de sílice o bien, b) a través de la interfase entre ambos materiales. A su vez resaltaron la probabilidad de que la primera hipótesis sea la más razonable, debido a que la permeabilidad aumenta, pero la selectividad disminuye.

Sin embargo, para poder analizar en forma más exhaustiva el aumento de permeabilidad en las membranas híbridas se presentan en la Tabla 5.11 los coeficientes aparentes de difusión y solubilidad.

Análisis de los coeficientes de difusión y solubilidad

En las membranas con 5% y 10% de sílice los coeficientes de difusión aumentan en relación al valor de la membrana sin relleno. Ahn y col. [16] observaron aumentos en la permeabilidad y en los coeficientes de difusión en membranas de polisulfona a las cuales incorporaron sílicc. Este polímero, al igual que la PEI presenta características similares en cuanto a que son polímeros vítreos de bajo volumen libre. Los autores atribuyen el aumento en el coeficiente de difusión al aumento en el volumen libre provocado por la incorporación de sílice. El mayor volumen libre en las membranas híbridas puede deberse tanto al ineficiente empaquetamiento de las cadenas poliméricas, como al aumento del volumen debido a los "huecos" generados al introducir el relleno en la matriz polimérica. También reportan que el aumento relativo de la permeabilidad depende del tamaño molecular del gas penetrante, siendo mayor este incremento para CH_4, lo cual se debería a un mayor efecto en el coeficiente de difusión de este gas en relación al CO_2.

Los diámetros cinéticos de estas moléculas gaseosas son: σ_{kCO2}=3.36 Å y σ_{kCH4}=3.80 Å. Ahn y col. también reportan una disminución en la selectividad CO_2/CH_4 debido a este efecto.

Asimismo, Merkel y col. [106-107] observaron un aumento en los coeficientes de difusión y en la permeabilidad en membranas híbridas debido a un aumento del volumen libre en las mismas.

Tabla 5.11. Coeficientes de Difusión y Solubilidad aparentes.

Membrana	D ($x10^{-8} cm^2/s$)		S ($x10^{-2} cm^3(CNPT)/cm^3 cmHg$)	
	CO_2	CH_4	CO_2	CH_4
PEI	0.327	0.037	3.914	0.872
PEI–R5	0.860	0.096	1.733	0.921
PEI–R10	0.404	0.047	4.356	1.426
PEI–R15	0.325	0.015	5.754	4.013

Para las membranas en estudio se observó el mayor aumento en el coeficiente de difusión en las membranas con 5% de sílice. Este hecho se puede relacionar con lo observado en las propiedades mecánicas, donde las membranas con 5% de sílice presentaron la menor resistencia a la tracción y módulo de Young. Se planteó que a este bajo contenido de sílice, la misma no forma estructuras inorgánicas que puedan interactuar adecuadamente con la matriz, con lo cual se crean zonas que facilitan la difusión de las moléculas gaseosas que permean.

Contrariamente, con el incremento del contenido de sílice, se observa una disminución en el coeficiente de difusión, que alcanza para la membrana con 15% de sílice valores similares a los presentados por PEI pura para el CO_2 y aún menores para el CH_4. García y col. [43] reportaron un comportamiento similar en membranas de PEI a las que le incorporaron carbón activado. Este hecho se explica por un aumento en la rigidez de la matriz polimérica.

Al analizar las propiedades mecánicas habíamos observado una disminución en la resistencia a la tracción para las membranas re-disueltas con alto contenido de sílice, atribuido a la formación de aglomerados de las partículas de relleno. Este mismo efecto puede estar influyendo en la disminución del coeficiente de difusión en estas membranas.

Sadeghi y col. [32] observaron un aumento en la permeabilidad a CO_2 y CH_4 en membranas de polibenzimidazol (PBI) y sílice. Al aumentar el contenido de sílice en las membranas hubo una disminución en los coeficientes de difusión de las moléculas gaseosas, debido al aumento en la tortuosidad ocasionado por las partículas de sílice en la matriz polimérica. Los autores relacionan el aumento en la permeabilidad de estos gases en las membranas híbridas con el aumento en los coeficientes de solubilidad. Reportan que la mejora en la solubilidad de gases condensables y polares por la incorporación de sílice se debe al aumento del número de grupos OH en la matriz, los que forman sitios polares activos y cavidades en la interfase sílice-polímero, como así también cambios morfológicos en la interfase lo cual ayuda o contribuye a la solubilidad de los gases [32].

Kim y col. [108] atribuyen los aumentos observados en los coeficientes de solubilidad y en las permeabilidades, a cambios morfológicos producidos en la interfase por la incorporación de sílice y a la presencia de grupos OH residuales en los dominios de sílice, los cuales pueden interactuar con moléculas polares como CO_2.

En las membranas analizadas en esta tesis también se observó un aumento en los coeficientes de solubilidad en las membranas con sílice, similarmente a lo expuesto por Sadeghi y col. en diferentes sistemas sílice-polímero [32,91,98]. Ahn y col. [16] observaron aumentos en los coeficientes de solubilidad en membranas con elevados contenidos de sílice. Los autores atribuyen esto al aumento provocado en el volumen libre de las membranas. Para membranas con 20% en vol. de sílice el aumento del coeficiente de solubilidad para CH_4 fue de 500%, lo cual es comparable al aumento observado en nuestras membranas donde para un 15% en peso de sílice el aumento de éste coeficiente fue de 413%.

Similarmente a los resultados presentados por las membranas en estudio, Suzuki y Yamada [109] observaron en membranas nanocompuestas de poliimida-sílice un aumento en la permeabilidad con el incremento de sílice a CO_2, O_2 y N_2 pero una disminución en la permeabilidad a CH_4 con el aumento en el contenido de sílice el cual fue explicado por una disminución en el coeficiente de difusión de este gas.

Efecto del contenido de agente de acoplamiento

Finalmente, en la Tabla 5.12 se presentan los valores de permeación para las membranas con 10% de sílice, pero con distintas cantidades de agente de acoplamiento. La membrana con 5% de APTEOS presenta los valores más altos de las permeabilidades a ambos gases. Al aumentar el contenido de agente de acoplamiento en la membrana disminuyen las permeabilidades a los dos gases ensayados. En el caso particular de la membrana con 15% de APTEOS se observa que los valores de permeabilidad son inferiores a los de la membrana polimérica pura y la selectividad CO_2/CH_4 es superior. La presencia del grupo aminopropil presente en APTEOS provoca una mayor interacción con las cadenas poliméricas, que conduce a una mayor rigidez en la interfase, produciendo este efecto. Cabe destacar que en la literatura no hay trabajos publicados con estudios específicos del efecto de la cantidad de agente de acoplamiento y la incorporación de sílice, en las propiedades de permeación de membranas híbridas.

Tabla 5.12. Permeabilidades (Barrer) de las membranas híbridas con 10% de sílice y distintas cantidades de APTEOS.

Membrana	APTEOS (% masa)	P_{CH4} (Barrer)	P_{CO2} (Barrer)	$\alpha_{CO2/CH4}$
PEI	-	0.032	1.28	40.0
PEI–R10	5	0.067	1.76	26.3
PEI-10-A10	10	0,056	1,39	24.8
PEI-10-A15	15	0,020	1,11	55.5

Nik y col. [110] reportaron el efecto en la permeabilidad de CO_2 y CH_4 provocado por la variación en la cantidad de aminosilano utilizado para modificar superficialmente las zeolitas empleadas como relleno en membranas de poliimida. Al aumentar la cantidad de aminosilano, las permeabilidades a ambos gases disminuyeron. Los autores interpretaron estos resultados como un aumento de las interacciones entre las cadenas poliméricas y los grupos funcionales del aminosilano, lo cual puede generar una interfase más rígida y provocar una disminución en la permeabilidad y un aumento en la selectividad. Esta interpretación concuerda con los resultados observados en las membranas reportadas en la Tabla 5.12.

5.6 Conclusiones

- Se identificaron las condiciones de síntesis más apropiadas para obtener membranas híbridas que fueran adecuadas para su utilización en separación de gases.
- La tendencia al incremento de la temperatura de transición vítrea en las membranas re-disueltas con el aumento del contenido de sílice, nos indica que existe una buena adhesión o compatibilidad entre las dos fases. Por otra parte, no existe un efecto significativo del agente de acoplamiento en este parámetro para las membranas híbridas.
- El contenido de sílice encontrado experimentalmente a través de los ensayos de TGA correlacionan bien con los valores teóricos. La temperatura de descomposición de las membranas híbridas no mostró cambios significativos en relación al valor de la membrana de PEI. Sin embargo todas las membranas híbridas presentan una buena estabilidad térmica.
- Los estudios de las imágenes de la sección transversal de las membranas por MEB permitieron determinar las mejores condiciones de síntesis, consistente en la realización de las reacciones de hidrólisis y condensación de TEOS in situ en la solución polimérica (procedimiento 4). Este procedimiento conduce a la obtención de una mejor dispersión de la sílice en las membranas híbridas que al realizar la hidrólisis del alcóxido separadamente. Esta observación se mantiene para membranas con distintos porcentaje de sílice (5-15%), notándose una mejora aún mayor al re-disolver las membranas. Las

membranas con distintos contenidos de APTEOS presentaron una morfología totalmente densa.

- Del análisis de EDS se verificó el incremento paulatino del contenido del relleno inorgánico en las membranas híbridas a través del aumento de la intensidad del pico correspondiente al silicio, a medida que se incrementa la cantidad de TEOS empleada para realizar la hidrólisis.
- Los espectros de FTIR que resultan de la diferencia entre los correspondientes a las membranas híbridas y la PEI pura mostraron la presencia de bandas de absorción características de las vibraciones de estiramiento asimétrico de los grupos siloxano (Si-O-Si) como también de grupos silanoles libres, ambos formados a través del proceso sol-gel. El desplazamiento de las bandas, comparado con su posición en el espectro de sílice pura, se atribuye a interacciones entre el polímero y la sílice y pueden explicar las nuevas propiedades que presentan las membranas híbridas sintetizadas.
- En relación a las propiedades mecánicas, se observa un máximo en la resistencia a la tracción para la muestra PEI R10, coincidiendo con el máximo módulo y una baja deformación unitaria a la ruptura lo que estaría indicando que la fase inorgánica se encuentra altamente dispersa en la matriz polimérica con una efectiva transferencia de carga entre las fases. En relación al efecto del agente de acoplamiento, en las muestras PEI AA10 se observa el máximo módulo, con 10% de acoplante, indicando que el mismo provoca una mayor interacción entre las fases orgánicas e inorgánicas.
- Los valores de permeabilidad de las membranas re-disueltas son comparables a los de la membrana polimérica pura, lo cual está de acuerdo con las imágenes de MEB analizadas que mostraron una estructura densa para ambas. Aunque no se pudo detectar una relación directa entre las permeabilidades y los contenidos de sílice en las membranas, el desempeño de la membrana PEI-R10 sugiere una relación permeabilidad-selectividad promisoria para la separación CO_2/CH_4.

- Para la separación CO_2/CH_4 se observó un aumento en la permeabilidad a ambos gases en las membranas híbridas. Sin embargo, el aumento en la permeabilidad relativa de CH_4 fue mayor que la de CO_2, lo cual conlleva a una disminución en las selectividades ideales.

  Los coeficientes de difusión de las membranas con 5 y 10% de sílice aumentan, lo cual se puede relacionar al aumento de volumen libre en el polímero o con la creación de "huecos" en la interfase. Para la membrana con 15% de relleno disminuye el coeficiente de difusión posiblemente debido a un aumento de la rigidez de la matriz polimérica. Los coeficientes de solubilidad aumentan en todas las membranas híbridas debido a los grupos OH de la sílice que interactúan con las moléculas de gas y a los cambios morfológicos producidos en la interfase.

  Al aumentar el contenido de agente de acoplamiento en las membranas disminuyen las permeabilidades y aumentan las selectividades debido a un aumento en las interacciones entre los materiales, alcanzándose una selectividad ideal $\alpha_{CO2/CH4}$ superior a la de PEI pura.

Capítulo 6: Conclusiones generales

Del estudio realizado y presentado en este trabajo de tesis se pudo arribar a las siguientes conclusiones:

- La incorporación de nanopartículas no porosas de sílices comerciales por dispersión en una matriz de polieterimida conduce a la obtención de membranas híbridas con buenas propiedades térmicas. La morfología densa de las mismas es adecuada para su utilización en separación de gases, particularmente cuando se emplea un agente de acoplamiento para mejorar la adhesión entre las fases orgánica e inorgánica. Sin embargo, no se logró mejorar el desempeño en lo que a selectividad se refiere, si se las compara con la membrana polimérica pura.

- En cuanto al proceso sol-gel se observó que las características de las membranas híbridas obtenidas difieren en gran medida, con la modificación de las variables de síntesis utilizadas.

- Se lograron identificar condiciones adecuadas para llevar a cabo el proceso sol-gel, que dependen fundamentalmente de la ocurrencia de las reacciones de hidrólisis y condensación que conducen a la formación de la red de sílice, en el interior de la solución polimérica, o bien en forma separada, resultando más promisoria la primera alternativa mencionada. El hecho de lograr una buena compatibilidad entre la sílice generada por este método y la matriz polimérica se atribuye también a la presencia del organosilano empleado como nexo de unión entre las regiones orgánica e inorgánica presentes en el nuevo material híbrido formado.

- Las membranas híbridas presentan buenas propiedades mecánicas y térmicas. La morfología obtenida es la de un material denso y homogéneo, lo cual es indispensable para la aplicación de las membranas en separación de gases.

- Si bien no se logró aumentar la selectividad, por ejemplo del par CO_2/CH_4, la mejora observada en cuanto a la permeabilidad de todos los gases ensayados luego de la incorporación de la sílice, a lo cual se suma la existencia de una mejora en la resistencia mecánica del material, constituye un tópico de interés, principalmente debido a la baja permeabilidad que presentan las membranas de PEI puras.

- El mecanismo de transporte observado en todas las membranas híbridas, salvo las obtenidas siguiendo el proceso sol-gel pero sin re-disolver, fue el de solución-difusión. Este mecanismo es el que gobierna el transporte a través de membranas densas.

Referencias

1. Mulder M (ed) (1991) Basic Principles of Membrane Technology. Kluwer Academic, Netherlands

2. Baker RW (2004) Membrane Technology and Applications. Wiley, Chichester

3. A. Al Arbash ZA, F. Al-Sagheer, and A. A. M. Ali, Article ID 58648, 9 pages, 2006. doi:10.1155/JNM/2006/58648 (2006) Journal of Nanomaterials 2006

4. Robeson LM (1999) Current Opinion in Solid State and Materials Science 4 (6):549-552

5. Robeson LM (1991) J. Membr. Sci. 62 (2):165-185

6. Husain S, Koros WJ (2007) J. Membr. Sci. 288 (1-2):195-207

7. Duval J-M, Kemperman AJB, Folkers B, Mulder MHV, Desgrandchamps G, Smolders CA (1994) J. Appl. Polym. Sci. 54 (4):409-418

8. Pechar TW, Tsapatsis M, Marand E, Davis R (2002) Desalination 146 (1-3):3-9

9. Duval JM, Folkers B, Mulder MHV, Desgrandchamps G, Smolders CA (1993) J. Membr. Sci. 80 (1):189-198

10. Vu DQ, Koros WJ, Miller SJ (2003) J. Membr. Sci. 211 (2):311-334

11. Mahajan R, Koros WJ (2002) Polym. Eng. Sci. 42 (7):1432-1441

12. Aroon MA, Ismail AF, Matsuura T, Montazer-Rahmati MM (2010) Sep. Purif. Technol. 75 (3):229-242

13. Moore TT, Koros WJ (2005) Journal of Molecular Structure 739 (1-3):87-98

14. Chung T-S, Jiang LY, Li Y, Kulprathipanja S (2007) Prog. Polym. Sci. 32 (4):483-507

15. Li Y, Chung T-S, Cao C, Kulprathipanja S (2005) J. Membr. Sci. 260 (1-2):45-55

16. Ahn J, Chung W-J, Pinnau I, Guiver MD (2008) J. Membr. Sci. 314 (1-2):123-133

17. He Z, Pinnau I, Morisato A (2002) Desalination 146 (1-3):11-15

18. Johnson JR, Koros WJ (2009) J. Taiwan Inst. Chem. Eng. 40 (3):268-275

19. Vu DQ, Koros WJ, Miller SJ (2003) J. Membr. Sci. 211 (2):335-348

20. Zou H, Wu S, Shen J (2008) Chemical Reviews 108 (9):3893-3957. doi:10.1021/cr068035q

21. Cornelius C, Hibshman C, Marand E (2001) Sep. Purif. Technol. 25 (1-3):181-193

22. Mahajan R, Koros WJ (2000) Industrial & Engineering Chemistry Research 39 (8):2692-2696. doi:10.1021/ie990799r

23. Ahmad A. MJE (2001) Chem. Mater. 13:3320-3330

24. Al-Kandary SH. AAAM, Ahmad Z. (2006) J. Mater. Sci. 41:2907-2914

25. Chen Y. IJO (1999) Chemical Material 11:1218-1222

26. Chen B-K, Su C-T, Tseng M-C, Tsay S-Y (2006) Polym. Bull. 57 (5):671-681

27. Ragosta G. MP (2009) eXPRESS Polymer Letters 3 (7):413–428

28. Hibshman C, Cornelius CJ, Marand E (2003) J. Membr. Sci. 211 (1):25-40

29. Qiu F-X, Zhou Y-M, Liu J-Z (2004) Eur. Polym. J. 40 (4):713-720

30. Zhong S-H, Li C-F, Xiao X-F (2002) J. Membr. Sci. 199 (1-2):53-58

31. Cornelius CJ, Marand E (2002) Polymer 43 (8):2385-2400

32. Sadeghi M, Semsarzadeh MA, Moadel H (2009) J. Membr. Sci. 331 (1-2):21-30

33. Nunes SP, Peinemann KV, Ohlrogge K, Alpers A, Keller M, Pires ATN (1999) J. Membr. Sci. 157 (2):219-226

34. Musto P, Abbate M, Lavorgna M, Ragosta G, Scarinzi G (2006) Polymer 47 (17):6172-6186

35. Kim H, Kim H-G, Kim S, Kim SS (2009) J. Membr. Sci. 344 (1-2):211-218

36. Zimmerman CM, Singh A, Koros WJ (1997) J. Membr. Sci. 137 (1-2):145-154

37. Ismail AF, Ridzuan N, Rahman SA (2002) Songklanakarin J. Sci. Technol. 24 ((Suppl.)):1025-1043

38. Tantekin-Ersolmaz SB, Atalay-Oral Ç, Tatller M, Erdem-Senatalar A, Schoeman B, Sterte J (2000) J. Membr. Sci. 175 (2):285-288

39. Gür TM (1994) J. Membr. Sci. 93 (3):283-289

40. Yong HH, Park HC, Kang YS, Won J, Kim WN (2001) J. Membr. Sci. 188 (2):151-163

41. Zhang Y, Balkus Jr KJ, Musselman IH, Ferraris JP (2008) J. Membr. Sci. 325 (1):28-39
42. Anson M, Marchese J, Garis E, Ochoa N, Pagliero C (2004) J. Membr. Sci. 243 (1-2):19-28
43. García MG, Marchese J, Ochoa NA (2010) J. Appl. Polym. Sci. 118 (4):2417-2424. doi:10.1002/app.32274
44. Cong H, Zhang J, Radosz M, Shen Y (2007) J. Membr. Sci. 294 (1-2):178-185
45. Kim S, Pechar TW, Marand E (2006) Desalination 192 (1-3):330-339
46. Sanip SM, Ismail AF, Goh PS, Soga T, Tanemura M, Yasuhiko H (2011) Sep. Purif. Technol. 78 (2):208-213
47. Takahashi S, Paul DR (2006) Polymer 47 (21):7519-7534
48. Takahashi S, Paul DR (2006) Polymer 47 (21):7535-7547
49. Cong H, Radosz M, Towler BF, Shen Y (2007) Sep. Purif. Technol. 55 (3):281-291
50. Romero A, Parentis M, Habert A, Gonzo E (2011) Journal of Materials Science 46 (13):4701-4709. doi:10.1007/s10853-011-5380-4
51. Cornelius CJ, Marand E (2002) J. Membr. Sci. 202 (1-2):97-118
52. Hibshman C, Mager M, Marand E (2004) J. Membr. Sci. 229 (1-2):73-80
53. Joly C, Goizet S, Schrotter JC, Sanchez J, Escoubes M (1997) J. Membr. Sci. 130 (1-2):63-74
54. Yuan J ZS, Gu G, Wu L (2005) Journal of Materials Science 40:3927-3932
55. G. Ragosta* PM (2009) eXPRESS Polymer Letters 3 (7):413-428
56. Bernardo P, Drioli E, Golemme G (2009) Industrial & Engineering Chemistry Research 48 (10):4638-4663. doi:10.1021/ie8019032
57. Xiao Y, Low BT, Hosseini SS, Chung TS, Paul DR (2009) Prog. Polym. Sci. 34 (6):561-580
58. Lin W-H, Chung T-S (2001) J. Membr. Sci. 186 (2):183-193
59. Kickelbick G (2003) Prog. Polym. Sci. 28 (1):83-114
60. Cranford RJ, Darmstadt H, Yang J, Roy C (1999) J. Membr. Sci. 155 (2):231-240
61. Wang D, Li K, Teo WK (1998) J. Membr. Sci. 138 (2):193-201

62. Corporation C (2001)

63. Brinker CJ, Scherer GW (1990) Sol-gel science: the physics and chemistry of sol-gel processing. Academic Press,

64. guide UPRP www.geplastics.com/resins/product/ultem.html

65. Wang Y, Jiang L, Matsuura T, Chung TS, Goh SH (2008) J. Membr. Sci. 318 (1-2):217-226

66. Feng X, Huang RYM (1996) J. Membr. Sci. 109 (2):165-172

67. Shen L-Q, Xu Z-K, Liu Z-M, Xu Y-Y (2003) J. Membr. Sci. 218 (1-2):279-293

68. Khayet M, Feng CY, Matsuura T (2003) J. Membr. Sci. 213 (1-2):159-180

69. Bo D, Kun Z (1991) J. Membr. Sci. 60 (1):63-73

70. Hu C-C, Chang C-S, Ruaan R-C, Lai J-Y (2003) J. Membr. Sci. 226 (1-2):51-61

71. Joly C, Le Cerf D, Chappey C, Langevin D, Muller G (1999) Sep. Purif. Technol. 16 (1):47-54

72. Larocca NM, Pessan LA (2003) J. Membr. Sci. 218 (1-2):69-92

73. Kumar S, Rath T, Mahaling RN, Reddy CS, Das CK, Pandey KN, Srivastava RB, Yadaw SB (2007) Materials Science and Engineering: B 141 (1-2):61-70

74. Clémenson S, Espuche E, David L, Léonard D (2010) J. Membr. Sci. 361 (1-2):167-175

75. Amancio-Filho ST, Roeder J, Nunes SP, dos Santos JF, Beckmann F (2008) Polym. Degrad. Stab. 93 (8):1529-1538

76. Perry CC, Li X (1991) Journal of the Chemical Society, Faraday Transactions 87 (5):761-766

77. Wu C, Wu Y, Xu T, Yang W (2006) Journal of Non-Crystalline Solids 352 (52-54):5642-5651

78. Téllez L. RF, Peña-Alonso R., Rubio J. (2004) Boletin de la Sociedad Española de Cerámica y Vidrio 43 (5):883-890

79. Paul DR, Robeson LM (2008) Polymer 49 (15):3187-3204

80. Liu T, Tong Y, Zhang W-D (2007) Composites Science and Technology 67 (3-4):406-412

81. Jordan J, Jacob KI, Tannenbaum R, Sharaf MA, Jasiuk I (2005) Mater. Sci. Eng., A 393 (1-2):1-11

82. Fragiadakis D, Pissis P, Bokobza L (2005) Polymer 46 (16):6001-6008

83. Goh PS, Ng BC, Ismail AF, Aziz M, Sanip SM (2010) Solid State Sci. 12 (12):2155-2162

84. Ahn J, Chung W-J, Pinnau I, Song J, Du N, Robertson GP, Guiver MD (2010) J. Membr. Sci. 346 (2):280-287

85. Lenza R. F. S. VWL (2001) Mater. Res. 4 (3):175-179

86. Shao L, Chung T-S (2009) International Journal of Hydrogen Energy 34 (15):6492-6504

87. de San Miguel ER, Garduño-García AV, Núñez-Gaytán ME, Aguilar JC, de Gyves J (2008) J. Membr. Sci. 307 (1):1-9

88. Dire S, Pagani E, Babonneau F, Ceccato R, Carturan G (1997) Journal of Materials Chemistry 7 (1):67-73

89. Goh PS, Ismail AF, Sanip SM, Ng BC, Aziz M Sep. Purif. Technol. In Press, Accepted Manuscript

90. Cong H, Hu X, Radosz M, Shen Y (2007) Industrial & Engineering Chemistry Research 46 (8):2567-2575. doi:10.1021/ie061494x

91. Sadeghi M, Khanbabaei G, Dehaghani AHS, Sadeghi M, Aravand MA, Akbarzade M, Khatti S (2008) J. Membr. Sci. 322 (2):423-428

92. Moaddeb M, Koros WJ (1997) J. Membr. Sci. 125 (1):143-163

93. Shanjun Li JT, Wenjun Gan, Lin Zhao, Liang Li,Jinchen Wang (2005) Polym. Adv. Technol. 16:133-138

94. Ash BJ, Schadler LS, Siegel RW (2002) Materials Letters 55 (1-2):83-87

95. Compton J, Thompson D, Kranbuehl D, Ohl S, Gain O, David L, Espuche E (2006) Polymer 47 (15):5303-5313

96. Gomes D, Nunes SP, Peinemann K-V (2005) J. Membr. Sci. 246 (1):13-25

97. Park HB, Kim JK, Nam SY, Lee YM (2003) J. Membr. Sci. 220 (1-2):59-73

98. Sadeghi M, Semsarzadeh MA, Barikani M, Pourafshari Chenar M (2011) J. Membr. Sci. 376 (1-2):188-195

99. Yu Y-Y, Chien W-C, Tsai T-W (2010) Polymer Testing 29 (1):33-40
100. Patel S. BA, Vijayabaskar V., Bhowmick A.K. (2006) J MATER SCI 41:927–936
101. Fu S-Y, Feng X-Q, Lauke B, Mai Y-W (2008) Composites Part B: Engineering 39 (6):933-961
102. Li S, Tian J, Gan W, Zhao L, Li L, Wang J (2005) Polym. Adv. Technol. 16 (2-3):133-138. doi:10.1002/pat.575
103. López-González MM, Compañ V, Saiz E, Riande E, Guzmán J (2005) J. Membr. Sci. 253 (1-2):175-181
104. Uriarte C, Alfageme J, Iruin JJ (1998) Eur. Polym. J. 34 (10):1405-1413
105. Fu Y-J, Hu C-C, Qui H-z, Lee K-R, Lai J-Y (2008) Sep. Purif. Technol. 62 (1):175-182
106. Merkel TC, He Z, Pinnau I, Freeman BD, Meakin P, Hill AJ (2003) Macromolecules 36 (18):6844-6855. doi:10.1021/ma0341566
107. Merkel TC, Freeman BD, Spontak RJ, He Z, Pinnau I, Meakin P, Hill AJ (2002) Chemistry of Materials 15 (1):109-123. doi:10.1021/cm020672j
108. Kim JH, Lee YM (2001) J. Membr. Sci. 193 (2):209-225
109. Suzuki T, Yamada Y (2005) Polym. Bull. 53 (2):139-146. doi:10.1007/s00289-004-0322-9
110. Nik OG, Chen XY, Kaliaguine S (2011) J. Membr. Sci. 379 (1-2):468-478

FSC
www.fsc.org
MIX
Papier | Fördert
gute Waldnutzung
FSC® C083411

Kolibri 360 GmbH
Ferdinand-Jühlke-Straße 7
99095 Erfurt, Deutschland
produktsicherheit@kolibri360.de

Druck:
CPI Druckdienstleistungen GmbH
im Auftrag der
Kolibri 360 GmbH
Ferdinand-Jühlke-Str. 7
99095 Erfurt